AF249440

Lieutenant LICART

Le Cheval barbe
et
son redressage

EDITIONS
BERGER-LEVRAULT

LE CHEVAL BARBE ET SON REDRESSAGE

Lieutenant LICART

E CHEVAL BARBE

ET

SON REDRESSAGE

« Connaître le cheval pour le mieux monter,
le monter pour le mieux connaître. »
(Comte d'AURE.)

Avec 43 photographies hors texte et 32 croquis dans le texte

PARIS

ÉDITIONS BERGER-LEVRAULT

5, Rue Auguste-Comte (VIᵉ)

1930

PRÉFACE

Un jour de concours hippique à Oran, j'eus le plaisir de rencontrer et de féliciter de son succès un jeune officier venant de France. Ainsi qu'il arrive..... parfois, entre cavaliers, le cheval fut l'objet principal de notre entretien. Je répondis de mon mieux aux questions que me posait mon sympathique camarade sur le cheval barbe, le cavalier et l'équitation arabes.....

Comme la plupart de ceux qui arrivent dans ce pays, il tenait pour vraies les nombreuses légendes répandues sur l'Afrique en général et sur le cavalier arabe en particulier.

Beaucoup de ces légendes, fausses à mon sens, sont d'ailleurs encore admises ici comme vraies et défendues comme telles contre l'évidence même par un grand nombre de personnes. S'il n'est pire sourd que celui qui ne veut entendre, il n'est aussi plus aveugle que celui qui ne veut point voir : il fait si bon fermer les yeux sous le soleil d'Afrique.....

Vouloir détruire ces idées-légendes ne peut que m'attirer des reproches et me faire accuser de bousculer les traditions. Prévoyant l'attaque, j'aime autant riposter avant qu'elle ne parte : les traditions comprennent des récits vrais, mais aussi d'autres qui sont faux; ceux-ci constituent souvent des obstacles au développement du progrès. Ne peut-il croître plus à l'aise si on l'en débarrasse?

Revenons à l'hippodrome d'Oran. J'ignore si mon camarade tira profit de notre conversation, mais ce que je peux affirmer, c'est qu'il me fut donné de constater avec certitude, sinon avec plaisir, que j'avais bien mal employé le temps que je venais de passer en Afrique.

« He knows well who knows enough to know that he knows nothing » (1).

Et je résolus de travailler pour rattraper le temps perdu et atténuer un peu mon ignorance.

J'accumulai ainsi pendant deux ans quantité de notes, d'observations; j'étudiai, je fouillai un grand nombre de livres; puis, un jour, mettant à profit les nombreux instants de liberté que les officiers ont ici, j'entrepris de classer et d'ordonner cet amas de griffonnages.

Étant donné la suppression de plusieurs régiments de la Métropole, l'augmentation des régiments de cavalerie indigènes dont plusieurs tiennent garnison en France, je crois que beaucoup de mes camarades passeront dans ces régiments. Je me suis imaginé que mon travail pourrait leur être utile.

Ce livre s'adresse donc surtout à des cavaliers montant à cheval, aimant le cheval et travaillant l'équitation, bref, à des cavaliers tout court; aussi je le destine plus spécialement à mes camarades de la Métropole appelés à faire connaissance avec les chevaux de l'Afrique du Nord. En les prévenant de ce qu'ils trouveront, ce livre leur fera gagner du temps; les quelques renseignements sur le cheval barbe et l'équitation arabe qu'ils pourront y puiser sont susceptibles de réduire la période inévitable d'acclimatement, de tatonnements, consécutive à leur arrivée dans un régiment de cavalerie indigène.

J'ai défini le but; il me reste à dire ce qu'est le livre.

D'abord, il est sans prétention. L'auteur, heureusement pour lui encore jeune, se rend compte de son défaut de capacité et de savoir. Suivant l'expression du comte de Comminges, ce livre est « la science des autres ». Il n'est qu'un recueil de notes auxquelles ont été ajoutés des ren-

---

(1) « Il sait bien celui qui en sait assez pour savoir qu'il ne sait rien. »

seignements glanés un peu partout et les déductions d'observations et d'expériences nombreuses et attentives.

En dehors de toute préoccupation littéraire, je me suis efforcé d'ordonner et d'exprimer le tout le mieux qu'il m'est possible.

Je prie les camarades qui me feront l'honneur d'ouvrir ce livre de le lire avec une indulgence égale à la simplicité avec laquelle il a été écrit.

Si mes idées n'ont pas la faveur de plaire à certains lecteurs, parce que contraires aux leurs et aux légendes qu'ils perpétuent pour des motifs que je n'entrevois pas, qu'ils veuillent bien m'excuser et se persuader surtout que si mon but n'est pas de plaire, il n'est pas non plus de dénigrer.

Si ce travail peut être utile à quelques-uns de mes camarades, je m'estimerai récompensé. Dans le cas contraire, cette phrase de Sénèque viendra me contenter : « La récompense d'une bonne action, c'est de l'avoir faite. »

Tlemcen, juin 1923.

PLAN

Je diviserai cette étude en cinq parties :

Première partie :   Le cheval barbe.
Deuxième partie :   Comment il est monté.
Troisième partie :   Ce qu'il devient avec les procédés et les méthodes
employées.
Quatrième partie : Son redressage.
Cinquième partie : Une méthode de redressage.

Le détail du plan adopté est le suivant :

PREMIÈRE PARTIE

LE CHEVAL BARBE

Chapitre   I. — Généralités. — Son portrait comparé avec celui du cheval arabe. — Ses qualités, son caractère, ses moyens.

—   II. — La population chevaline de l'Afrique du Nord, autrefois, aujourd'hui. — Causes de dégénérescence. — L'élevage en Afrique du Nord. — Comment est élevé le cheval barbe. — Son utilisation.

—   III. — Des différentes variétés de la race barbe.
Les chevaux   d'Algérie.
Les chevaux du Maroc.
Les chevaux de Tunisie.

DEUXIÈME PARTIE

COMMENT EST MONTÉ LE CHEVAL BARBE

Chapitre   I. — Les moyens. — Le harnachement arabe : la selle, les mors (le mors arabe comparé avec le mors français, le mors arabe civil, le mors de mulet). Les moyens d'impulsion : éperons, étriers, extrémité des rênes.

—   II et III. — Leur emploi.

—   II. — L'équitation arabe dans les tribus. — La légende de l'Arabe cavalier et homme de cheval accompli.

LE CHEVAL BARBE ET SON REDRESSAGE

PREMIÈRE PARTIE

LE CHEVAL BARBE

CHAPITRE I

I. *Généralités.* — Son tempérament. — Sa taille. — II. *Son portrait.* — Comparé avec celui du cheval arabe. — III. *Ses qualités.* — Le « meilleur cheval de guerre du monde » — Son caractère. Ses moyens. — IV. « *Le cheval barbe ne saute pas* ». — Les raisons pour lesquelles ses moyens de saut sont inconnus.

§ I. — *Généralités. — Ses origines. — Son tempérament. — Sa taille.*

Le cheval barbe n'est pas le cheval arabe. Je crois devoir le rappeler car j'ai entendu confondre très souvent et employer sans discernement l'un ou l'autre de ces deux qualificatifs.

Le cheval barbe est élevé dans le Nord de l'Afrique depuis l'Océan jusqu'à l'Égypte, de la Méditerranée jusqu'au désert. « Tous les hippologues s'accordent à reconnaître que le cheval barbe descend de l'ancien cheval numide si célèbre lors des guerres puniques et qui contribua si puissamment à tenir en échec, en Afrique, les armées romaines pendant tout le temps de leur domination. Mais ils sont en dissidence sur son origine première. D'après les uns, la race barbe descendrait du cheval arabe. Pour d'autres, elle serait indigène du Nord de l'Afrique ; dans ce cas, loin d'être un héritage de la souche arabe, sa physionomie orientale et ses qualités remarquables seraient dues aux influences naturelles du climat, du sol, de la nature, des aliments, elles seraient innées et non acquises et se transmettraient d'une manière constante en dépit des causes de dégradation. Le barbe de nos jours est, à peu de choses près, ce qu'était le numide ».

Incontestablement le cheval barbe actuel descend de l'ancien cheval numide, mais je ne pense pas qu'il soit de nos jours ce qu'il était autrefois. Dans tous les ouvrages qui nous renseignent sur la Numidie, nous trouvons relaté que les Numides étaient des cavaliers extraordinaires. Après la fondation de Carthage, ils fournirent aux Carthaginois et aux Romains en qualité de mercenaires des cavaliers excellents. Si les Numides ont laissé une réputation de cavaliers remarquables, il est permis de croire qu'ils avaient d'excellents chevaux, ceci étant fonction de cela. Mais il est vraisemblable qi'il s'est passé pour les chevaux numides ce qu'il est advenu aux Numides eux-mêmes : des mélanges de races qui n'ont pas complètement submergé le type ancien mais qui l'ont altéré.

La recherche de l'origine du cheval barbe nous fait faire un peu d'histoire ancienne. Je le crois nécessaire.

La Numidie, qui correspond probablement à l'Algérie actuelle, passa de la domination romaine sous celle des Vandales; elle fit partie de l'empire grec, puis fut conquise par les Arabes. Avant la fin du VIIe siècle les Musulmans étaient maîtres de l'Afrique méridionale. Plus tard, au XIe siècle, les Arabes ne se contentèrent plus de l'Égypte, de la Tripolitaine, de la Tunisie, de l'Algérie, du Maroc, ils refoulèrent la race berbère à travers Sahara et Soudan. A cette époque, la Numidie cesse d'avoir une vie particulière et son histoire se confond avec celle des divers empires musulmans qui ont occupé cette partie de l'Afrique jusqu'à la conquête française.

Il semble très probable que les Arabes et les Turcs importèrent dans ce pays leurs beaux chevaux de la Syrie et des plaines de l'Euphrate et que ceux-ci eurent une influence profonde sur l'évolution de la population chevaline du pays conquis. Au moment de cette conquête, d'ailleurs, au VIIe siècle, la population chevaline était extrêmement restreinte « contrairement

Photo 1. — Cheval barbe.

Photo 2. — Arabe barbe.

à l'idée que l'on s'en fait en général. Peu de chefs arabes avaient à cette époque plus d'un cheval, au témoignage d'un Arabe bien connu Damiry » (¹).

Je crois donc qu'il convient plutôt de penser que la race barbe actuelle est un mélange de numide et d'arabe, de syrien. A la taille, à la légèreté de l'ancienne race numide, telle qu'elle nous est décrite, le beau barbe ne joint-il pas le poitrail admirable et les membres d'acier qui caractérisent l'arabe?

Ne peut-on trouver aussi une indication susceptible de renforcer cette opinion dans le fait, relaté par des cavaliers indigènes, qu'un des chevaux du prophète s'appelait « Uskub » ?

Il est donc vraisemblable que la formation de la race barbe actuelle date de la première invasion de l'Afrique par les Arabes, vers l'an 700 avant Jésus-Christ.

A grands traits, brossons le portrait du cheval arabe. Les robes grises, variant du gris très clair au gris le plus foncé, sont celles que l'on rencontre le plus, mais ce serait une erreur de croire que tous, ou presque tous les chevaux barbes sont gris, ou gris très clair comme on le pense d'habitude. Il y a aussi, parmi eux, une assez grande quantité de chevaux bais et alezans.

En général le cheval barbe a les muscles très développés, conséquence du tempérament sanguin très répandu dans les pays chauds. Cette particularité lui donne un aspect robuste et vigoureux (*photo. 1*).

Il est fort pour sa taille qui varie entre 1 m. 38 et 1 m. 60 et dont la moyenne est de 1 m. 48.

§ 2. — *Son portrait comparé avec celui du cheval arabe.*

En examinant de plus près le cheval barbe, nous trouvons sa tête souvent longue et busquée. Ceux qui ont reçu plus de sang arabe le portent fièrement si j'ose dire, sur leur figure; ils héritent de la jolie tête fine, expressive, au front large, aux yeux grands, aux oreilles hardies, du cheval arabe (*photo. 2*).

L'encolure du cheval barbe, bien musclée, souvent un peu

(¹) M. Louis Mercier (*Les hippiatres arabes. Sport Universel* du 30 janvier 1925).

chargée, est courte ou moyenne; elle est ornée d'une crinière longue et abondante. Le garrot est épais, bien musclé à sa base et souvent bien sorti. Le rein est court, bien soudé, large, robuste, assez souvent convexe. La croupe est large et puissamment musclée; la queue est attachée bas et pourvue de crins très longs. Les membres indiquent la force et la solidité mais leur conformation montre une aptitude très restreinte aux allures rapides, aux gestes amples et étendus; la jambe est peu descendue, le jarret souvent clos, l'épaule droite, l'avant-bras court. Le jarret clos est d'ailleurs « plus disgracieux que nuisible, il est fréquent chez les chevaux élevés en pays montagneux et chez les sujets de grande énergie » (Jacoulet). Les articulations sont larges et solides, le canon est long, le tendon sec et bien détaché. En général, les proportions sont bonnes.

Le cheval barbe se distingue nettement du cheval arabe par ses formes plus arrondies, ses proportions moins belles et moins harmonieuses; ses allures sont aussi plus raccourcies, moins rapides et moins brillantes, mais, par contre, le barbe est plus résistant et plus rustique. Si le cheval barbe donne l'impression de la puissance, de la robustesse, le cheval arabe donne celle de l'harmonie et de la grâce tout en présentant de grandes conditions de solidité et de force. Irréprochablement d'aplomb sur des membres nerveux et secs, la proportion existant entre son avant-main et son arrière-main est parfaite. «Sa charpente osseuse offre les meilleures dispositions physiques et physiologiques et le système musculaire présente les plus belles conditions de développement et d'énergie. On lui reproche son défaut de taille, mais, dans cette race comme dans les autres, la taille est en rapport avec la quantité et la qualité des aliments. Le cheval des contrées arides, rocheuses, comme le Nedj n'a que 1 m. 40 au plus, celui des plaines riches et fertiles de la Mésopotamie, de l'Euphrate et du Tigre, de la vallée de la Bekaha d'Antioche et de l'Oronte dans le Hauran en Syrie, atteint 1 m. 58 (1). »

La tête du cheval arabe est en tous points admirable. Fière-

(1) Vallon.

Photo 2. — Pur-sang arabe.

Photo 4. — Cheval arabe du Hedjaz.

Photo 4 *bis*. — Cheval arabe du Hedjaz.

ment attachée, elle décèle la vivacité, l'intelligence et la douceur; le front est large, la partie inférieure courte, les yeux
grands, à fleur de tête, sont brillants de clarté et d'expression;
les oreilles, petites, hardies et bien plantées sont très mobiles
et attentives, les lèvres minces, les naseaux bien ouverts et mobiles. Son encolure bien musclée, ce qui parfois la fait paraître
courte, est hardiment sortie.

Le cheval arabe a la poitrine d'une belle ampleur, l'épaule
longue et oblique, le coude bien détaché; l'avant-bras est long,
le canon court, large et solide. Le garrot est bien sorti, sec, musclé et prolongé très en arrière. Le cheval arabe, court dans son
dessus, a le rein large et bien soudé, la croupe musclée, la cuisse
bien dirigée longue et puissante; la queue bien plantée est élé-
gamment portée. « Le jarret est irréprochable comme forme
et direction et plus beau que chez les autres races » (1) (*photo.* 3,
4 et 4 bis).

§ 3. — *Les qualités du cheval barbe.*

Son caractère. — Ses moyens.

Les qualités du cheval barbe sont nombreuses et très appréciables. « C'est le plus sobre et le plus rustique des chevaux
orientaux » (1). Il est énergique, résistant aux misères aux privations et à toutes les variations de température, il se tare moins
vite que les autres, il est rarement malade et dure longtemps.
Vallon le qualifie justement de « meilleur cheval de guerre du
monde », comme le prouvent l'expérience de trente ans de guerre en
Algérie, de trois ans en Crimée et en Italie, les campagnes du
Maroc et les opérations en Macédoine et en Albanie (1914-1918).
Alors qu'au début de la dernière guerre la consommation en
chevaux a été de près de 25.000 par mois (2), je crois que nous
aurions pu exploiter avec avantage les ressources chevalines
insuffisamment connues de l'Afrique du nord.

---

(1) Vallon.
(2) 25.000 par mois, la première année de la guerre; 15.000 par mois les années
suivantes.

La souplesse et l'adresse naturelles du cheval barbe sont vraiment extraordinaires. Dans les terrains les plus difficiles son calme et sa sûreté de pied surprenants permettent les escalades rocheuses les plus audacieuses.

Dans les régions montagneuses de l'Afrique du Nord, à travers les plus mauvais terrains, sur des pentes rocheuses, l'Arabe laisse marcher son cheval complètement libre sous lui, les rênes longues. Instruit par l'expérience, il se confie à l'instinct et à l'adresse naturelle de son cheval qui se développe ainsi jusqu'à un degré qui surprend.

> « Dans les bons chemins, tiens ton cheval;
> « Dans les mauvais, tiens-le si tu veux »,

conseille un dicton arabe. Dans les sentiers les plus abrupts et parsemés de rocs, le cheval barbe, calme, lent, attentif, marche et semble toujours à son aise; son pied sûr semble s'accrocher aux rochers et s'arc-boute ferme et nerveux sur les dalles de pierre les plus glissantes. Les premières fois que j'escaladais ainsi sur ces chevaux des pentes rocheuses difficiles, dans les situations les plus critiques, accroché à la crinière et tout au moins un peu inquiet, je l'avoue humblement, en sondant du regard la profondeur des ravins proches, je pensais avec gratitude que des chevaux autres que ces petits barbes seraient incapables de se tirer d'aussi mauvais pas... Je leur faisais confiance et je passais toujours.

Le caractère du cheval barbe est aussi très particulier. Tous les animaux entiers ont des facultés intellectuelles plus développées que ceux qui ne le sont pas; les chevaux barbes, qui restent presque tous entiers, ne font pas exception à la règle. Ceci se trouve encore augmenté du fait, très judicieusement observé par le commandant Rousselet dont nous parle le général L'Hotte, que l' « intelligence des animaux est presque toujours en raison inverse de celle des hommes qui les emploient ». Ainsi donc, on peut dire que le cheval barbe est plus intelligent que ceux des autres races. Il comprend très vite ce qu'on cherche à lui apprendre et j'ai été étonné, dès mon premier contact avec lui, de trouver une aussi grande facilité de compréhension, une telle application, une telle bonne volonté. La rapidité des progrès réalisés de ce fait ne m'a pas moins surpris. Je reviendrai sur cette importante question quand je parlerai de son redressage.

Certes, du fait qu'il est entier, le cheval barbe est moins obéissant, moins coulant dans les aides surtout que la jument ou le cheval hongre, mais infiniment moins qu'on le prétend d'habitude. Il se dépense parfois en pure perte au début du travail, mais il est vite calmé après quelques jolis bonds de gaité, indice de bonne humeur, que l'on voit si souvent brutalement réprimés avec des moyens et des procédés aussi infernaux que stupides. Mais n'anticipons pas et restons dans le cadre imposé par ce chapitre.

Les chevaux barbes se montrent très dociles et doux avec 'homme qui pourtant, le plus souvent, le mérite bien peu... Privé de méchanceté ou de rancune, le barbe s'attache beaucoup à son cavalier, à celui qui le soigne, ne le brutalise pas et le caresse un peu. Il suit son cavalier comme un chien fidèle, vient à l'appel de la voix; sa douceur et sa bonté n'ont d'égales que sa bonne volonté et sa résignation. Il est aussi peu impressionnable et sa clémence est infinie. Il est bon, trop bon même; souvent, je serais bien content de le voir plus méchant.

Pour compléter la présentation de l'ami dont nous allons nous occuper, il me reste à parler de ses moyens. Je crois que l'on considère trop en France le cheval barbe comme un « lapin à roulettes ». On le croit sans moyens, d'une médiocre valeur et peu intéressant. Il n'en est rien. Je ne saurais le proclamer trop haut.

Si le cheval barbe n'est pas taillé pour la vitesse, il possède par contre des qualités de fond extraordinaires. Tous les cavaliers qui ont été en Afrique ont entendu parler de ces fameuses courses de chevaux du pays des Hamyanes (sud de Méchéria) qui se disputent sur des distances de 30 à 40 kilomètres.

Au lieu de chercher à développer la vitesse chez ces chevaux qui ne présentent pour cela aucune aptitude, on devrait, à mon sens, développer le fond qu'ils possèdent naturellement. Ce serait autrement plus logique et plus intéressant.

Dans les steeples de « série bis », barbes, arabes, arabe-barbes et anglo-barbes figurent ensemble; quand je dis « figurent ensemble » c'est une façon de m'exprimer inexacte car ils ne figurent ensemble qu'au départ... Les arrivées, en effet, sont le plus souvent ridiculement échelonnées. Sans surprise, sans effort et sans mérite, sans besoin non plus d'une monte savante, les anglo-barbes « se promènent » devant les autres malgré toutes les surcharges. Ils galopent bien au-dessus. Étant donné les obstacles-joujoux qui essayent de donner un peu de relief aux pistes de steeples de la plupart des sociétés, le plus mauvais anglo-barbe pas entraîné est capable de battre dans un canter le plus vite des barbes. Bien souvent j'ai comparé ces courses courues d'avance à un 110 mètres haies où l'on mettrait en compétition un athlète et un bébé.

Par contre, dans des cross-countries, même très longs, semés de gros obstacles, s'ils ne sont pas mis hors de leur train, les barbes sont dans leur élément. Au championnat du cheval d'armes de l'Afrique du Nord j'ai eu l'occasion de faire, avec un petit barbe très ordinaire, 25 kilomètres sur route au galop de bout en bout un quart d'heure après avoir fait un steeple de 3.500 mètres, et le lendemain un cross de 15 kilomètres, le cheval s'appuyant ferme jusqu'au bout.

Voilà « le travail » des barbes. Courir des épreuves de cette nature avec ces bons petits chevaux dont le cœur, le fond et l'énergie étonnent, est un sérieux plaisir.

Les barbes ne galoperont jamais vite. Dans l'intérêt de la race il faudrait réduire les steeples (les supprimer même vaudrait encore mieux) multiplier les cross, organiser de longs parcours à travers pays. Cavalier et cheval y trouveraient leur compte et seraient plus heureux.

§ 4. — *Le cheval barbe ne saute pas.*

Pour l'obstacle, la taille du cheval barbe parfois petite est largement compensée par une énergie remarquable qui actionne une musculature puissante. Je n'hésite pas à dire que *beaucoup* de chevaux barbes possèdent de gros moyens de saut. Ces moyens sont d'ailleurs très peu connus et encore plus rarement exploités. Je ne cache pas avoir été fort surpris en voyant ces petits chevaux sauter, en se jouant, des obstacles de 1 m. 20 et 1 m. 30. La grande majorité des chevaux barbes possède certainement les *moyens* de sauter cette hauteur. Seulement, si l'on veut en faire des sauteurs, il faut les connaître et procéder avec logique.

Avant de les mettre à l'obstacle il faut commencer par les redresser, leur donner un équilibre convenable, leur rendre le perçant et l'impulsion qu'ils ont perdus, leur donner une confiance absolue dans la main qu'ils ont appris à craindre, faire jouer, rendre mobile leur balancier qui semble paralysé; ils n'osent pas l'allonger, ils ne savent pas s'en servir. C'est là beaucoup de travail, me direz-vous. Mais, de qui est-ce la faute? Du cheval? Que non pas! Nous le verrons bien tout à l'heure.

Quand ces différents buts seront atteints, alors, *et alors seulement*, on pourra apprendre au cheval à sauter. « Le temps de la récolte » et des satisfactions arrivera bien vite. On sera stupéfait des résultats atteints et des progrès rapides qui permettront à ces sauteurs puissants et bondissants de se mesurer avec n'importe quel cheval sur n'importe quel obstacle.

J'ai vu des chevaux barbes, qui n'étaient pas des phénomènes, sauter très correctement des obstacles de 1 m. 50 à 1 m. 60. Je ne veux pas dire que tous les chevaux barbes peuvent franchir de tels obstacles, mais je ne crains pas d'affirmer que, comparativement à la taille des chevaux français et toute proportion gardée, le cheval barbe a des moyens de saut supérieurs à la plupart des chevaux français que l'on trouve dans nos régiments, et ce, à cause d'une énergie et d'une musculature plus développées que chez les autres races. Je suis sûr de faire sourire beaucoup de mes lecteurs, cependant mon idée est très nette à ce sujet; elle a de plus l'avantage d'avoir une autre base qu'une simple appréciation superficielle.

Beaucoup de chevaux barbes de 1 m. 45 sont capables, une fois redressés, de sauter leur hauteur. Combien y a-t-il de chevaux français et autres qui peuvent en faire autant? Pas beaucoup, je pense, et jusqu'à preuve du contraire je continuerai à penser de la sorte.

Que mes camarades qui auront l'honneur et le plaisir de compter à l'armée d'Afrique ne voient donc dans cette « scie » très répandue : «Le cheval barbe ne saute pas» qu'une excuse commode pour ceux qui la profèrent, et qu'ils traduisent le plus souvent ce dicton arabe par ceci : « Je ne veux pas sauter avec un cheval barbe » ou plus brièvement même : « Je ne veux pas sauter ».

Est-il besoin de prouver que le « phénomène » n'est pas le cheval barbe qui saute, mais le « cavalier barbe » qui saute? Nous ne serons pas en peine.

M. Louis d'Avrincourt, dans son livre très instructif et fort intéressant *Dressage en liberté du cheval d'obstacle*, paru en 1913, consacre quelques trop courtes pages aux barbes. Invité à El Madher, près de Constantine, par M. Bedouet, administrateur honoraire de la province de Constantine, président de la Société d'encouragement des courses en Algérie, M. d'Havrincourt eut la « bonne fortune » d'étudier de près les races barbes.

« Il me fit voir à l'œuvre, écrit M. d'Havrincourt, c'est-à-dire en leur faisant passer des formidables obstacles, plusieurs de ses élèves qui firent mon admiration.

« Désirant faire connaître et apprécier en France les barbes, je me rendis acquéreur du fameux *Messaoud*, à qui M. Bedouet avait fait gagner toutes les coupes de la région, malgré sa mauvaise caboche et sa gueule endiablée (*photo. 5*).

« *Messaoud* était un petit cheval de 1 m. 57, fantastique comme sauteur de volée. Je n'ai jamais rencontré un Irlandais à pouvoir l'approcher pour un saut haut et large en même temps.

« *Messaoud*, monté par le capitaine Crousse, gagna successivement la Coupe de Paris et le grand prix de Biarritz, prouvant qu'il était aussi bon et adroit sur un parcours de chasse et de grosses banquettes, que sur les obstacles artificiels de la Société hippique française.

« *Messaoud* eût pu sauter facilement, monté, 2 mètres de hauteur avec 90 kilos sur les reins.

« Comme autres bons barbes provenant de l'écurie de M. Bedouet, j'ai en ce moment *Saharaoui*, propre frère de *Mes-*

Photo 5. — *Messaoud*
(Extrait de *Dressage en liberté du cheval d'obstacle*, par Louis d'Avrincourt).

Photo 6. — *Zanci*, monté par M. de Laissardière Extrait du *Sport Universel illustré*).

saoud, moins puissant, mais excellent aussi et gagnant de nombreuses coupes.

« Puis *Mordjen*, un beau grand cheval, qui remporta également plusieurs coupes et un championnat en hauteur à Angoulême.

« *In Challah*, appartenant à M. de Carcaradec, cueillit, en une seule saison 4.000 francs de prix sans sortir de Bretagne. Son propriétaire prétend qu'il peut franchir aisément 2 mètres monté.

« Pour compléter l'éloge de ces excellents petits chevaux trop méconnus, nous rappellerons la très jolie performance accomplie par eux au concours de Nantes en 1909. Les trois premiers prix des trois grandes épreuves furent brillamment enlevés au train par des barbes :

« L'Omnium par *In-Challah;*

« Les Dames par *Mordjen;*

« La Coupe par *Mordjen.*

« Il court sur les barbes et sur les chevaux en général une légende absurde que nous voudrions bien détruire; à savoir qu'entiers ils sont odieux de caractère, ce qui est parfaitement exact; mais que, castrés, ils ne valent plus rien, ce qui est absolument faux. »

Cette année même ([1]), nous avons vu des chevaux barbes figurer toujours très honorablement dans des concours de grands chevaux et se classer, parfois, devant de gros sauteurs spécialistes qui cueillent des lauriers dans tous les coins de la France.

J'ai plaisir à citer le « curiculum vitæ » d'un cheval barbe que mon camarade le lieutenant Roblin a mis en concours. Avec sa permission, je citerai quelques phrases d'une lettre où il me parle avec joie de son cheval.

« J'ai pris le cheval en Algérie, m'écrit-il, trois semaines avant le départ pour l'A. F. R. Il avait six ans et avait été acheté 1.600 francs trois mois plus tôt à Géryville, sans origine connue. Il était maigre et trottinait dans le rang, si bien que personne

---

([1]) 1924.

n'en voulait. J'ai été attiré vers lui par la force de ses articulations vraiment étonnante. En un mois il était très haut d'état et ne trottinait plus; dès l'arrivée à Trèves je le dressai à l'obstacle sur une haie et une barre. »

Voici, rapidement exposé, son palmarès (sans compter les flots) :

Mayence. — 5e et 6e prix, « c'était ses premiers parcours et il était un peu fou, étonné par la nouveauté du travail ».

Dusseldorf. — Coupe interalliée. — 7e prix, « avec un postérieur, derrière 6 parcours sans faute ».

Cologne. — A la suite d'un parcours de chasse, léger effort de tendon. Quelques douches, enveloppements chauds et le lendemain il se classe 5e dans la puissance où il saute des obstacles de 1 m. 40 à 1 m. 60.

Trèves. — 1er prix (concours régional) « boiteux de nouveau, quelques jours d'eau blanche et je reprends son entraînement en vue de Coblence ».

« *Coupe interalliée de Coblence.* — 1er prix. Puis on doit lui mettre le feu, trois mois à l'écurie, puis il va à Paris avec trois semaines d'entraînement, 3 épreuves. Essai, Puissance, Coupe, au total 3 antérieurs et un postérieur dans l'eau.

Et ses succès continuent dans des parcours de chasse ou des parcours de concours intéralliés.

Mayence sur 170 concurrents : 22e;

Mayence sur 120 concurrents : 12e.

4e coupe interalliée de Bonn.

1er prix, coupe interalliée de Trèves, etc...

« Ce qui frappe surtout, m'écrit mon camarade Roblin, c'est le calme et le coulant du cheval sur le parcours, qualités qu'il avait acquises dès son 3e ou 4e parcours. Il ne s'étonne d'aucun obstacle et est très adroit. »

M. le capitaine de Laissardière a bien voulu m'envoyer son opinion sur un cheval barbe *Zanzi* qu'il a monté plusieurs fois en 1925.

Il m'est très précieux, pour la question que nous traitons en ce moment, de posséder l'avis du capitaine de Laissardière dont la science et l'expérience sont reconnues de tous. C'est avec reconnaissance que je m'y appuie en le citant ici.

Zanzi est un barbe de Constantine acheté cette année à Alger (*photo. 6*).

« Il est d'un caractère doux, pas peureux, très facile à monter. Il a deux bonnes allures, le trot et le galop; on peut même dire que le cheval galope; si on lui laisse prendre un appui sur la main, il développe de très belles foulées; par contre le pas est lent et raccourci.

« Le cheval saute, mais il n'est pas spécialement bâti pour le saut; ses qualités se sont découvertes et développées par le travail. J'ai eu le cheval un mois à peine avant le concours de Paris et je l'y ai présenté. Il a commencé par rétiver dans les deux premières épreuves sur des obstacles qu'il ne connaissait pas, mais il s'est vite familiarisé avec tous les genres d'obstacles. Il passe très couramment des obstacles de 1 m. 20 à 1 m. 40 et même de 1 m. 50. Je lui ai fait sauter monté toutefois 1 m. 60 mesuré — mais c'est là, je crois, son maximum.

« *Zanzi* en somme est un très bon cheval de concours que j'ai emmené à Bruxelles et à Londres où il a très bien figuré. Il a 11 ans, a malheureusement été dressé en haute école et ses jarrets s'en ressentent; j'estime, étant donné ce qu'il a fait cette année pour sa première sortie en concours, que si j'avais eu le cheval à 6 ans, c'eût été un crack. »

A Paris, il gagne un 12e et deux 4e prix;

A Bruxelles, un 5e;

A Namur, 3e et 4e prix;

Au Touquet, il gagne trois premiers prix, dont la Puissance, un 10e et un 13e prix;

A Londres (coupe canadienne) 3e; sur 93 chevaux présents;

A Béthune il gagne un 4e et un 3e prix.

En 1925, au concours hippique de Paris *Zanzi* est classé 2e dans le prix La Haye Jousselin.

3e dans le prix Juigné (Puissance) avec un dérobé, mais sans faute sur des obstacles de 1 m. 50;

3e dans le prix Mornay, « auquel *Zanzi* M. de Lassardière,

en artiste consommé, a fait faire des sauts impressionnants »,
écrit « Florimond » dans le *Sport Universel.*

Dans la puissance progressive *Zanzi* parvient à passer sans
faute les quatre obstacles de 1 m. 30, 1 m. 45, 1 m. 60 et 1 m.70.

« On admire, surtout, le style de *Zanzi* écrit « Florimond »
dans le compte rendu de l'épreuve (*Sport Universel*);

4ᵉ dans la Coupe du Touquet, etc...

Les photographies nᵒ 7 et 8 présentent un petit cheval barbe
(1 m. 52) *Loyauté*, 8 ans, sans aucune origine, un barbe tout
ce qu'il y a de plus « pur ». Il n'accuse aucun sang et n'est pas,
lui non plus, spécialement bâti pour l'obstacle. Ses moyens, très
ordinaires au début, se sont développés également par le travail.

Ce petit cheval est extraordinaire par sa légèreté sur l'obstacle; très bondissant, il est un sauteur de volée surprenant, les
plus gros oxers l'amusent et il se joue avec gaîté de toutes les difficultés de parcours et d'obstacles qu'il trouve devant lui. Droit
comme un i, il saute toujours 20 centimètres au-dessus des obstacles malgré son ignorance totale du « tapin ». Souple, adroit,
balle élastique, léger et aimant l'obstacle, ses débuts en France
en 1924 dans des concours de grands chevaux, où il s'est mesuré
avec des cracks, font bien augurer de son avenir.

On ne peut faire que des éloges de ce petit cheval qui, sans
effort et avec un entrain endiablé, bondit, gracieux, au-dessus
des obstacles les plus difficiles de 1 m. 40 à 1 m. 60.

En 1924 :

Montpellier. — 2ᵉ prix (*sans faute*);

Béziers. — 1ᵉʳ flot (léger effort de boulet des suites d'un acci-
dent);

Toulouse. — 3ᵉ prix (*sans faute*) et 6ᵉ dans la coupe (*sans
faute*);

Vichy. — 1ᵉʳ prix. Prix Bridoux-Puissance (le seul cheval *sans
faute*) et 8ᵉ dans la Coupe (1 postérieur, faute du cavalier sans
aucun doute).

En 1925, quittant les pistes de concours hippique pour le
Maroc, il n'a pu paraître qu'au début de l'année et au concours
de Paris, dans l'épreuve des 6 barres, il franchit en s'amusant
les 6 barres de 1 m. 15 à 10 mètres l'une de l'autre.

Photo 7. — *Loyauté*, barbe.

Photo 8. — *Loyauté*, Vichy, 1924.

4e dans la Puissance, après barrage, ayant touché bien légèrement *une barre d'appel* (obstacles de 1 m. 50 à 1 m. 60).

Des phénomènes tous ces chevaux ? Allons donc ! Journellement je vois sauter des chevaux qui ont des moyens de saut
analogues et même supérieurs. C'est 50 *Loyauté* qu'on trou-
verait dans un régiment de cavalerie indigène. Seulement, avant
tout, ils sont à redresser, et il y a du travail. Pauvres bêtes !

Les moyens de saut vraiment surprenants du cheval barbe
sont généralement ignorés. En voici quelques raisons :

1o L'absence d'obstacles naturels dans le pays. Les Arabes
suivent des pistes et des sentiers tracés le plus souvent à travers des roches ou des cailloux, ils s'en écartent rarement.

2o Les Arabes ne sautent pas; ils n'en voient pas l'utilité.
Ils aimeront mieux perdre une demi-heure pour contourner un
obstacle que de faire un effort pour le franchir; le temps ne
compte pas pour eux. D'ailleurs, avec les moyens qu'ils emploient
ils font tout aussi bien... Et puis, il faudrait dresser le cheval,
ce qui donnerait de la peine et demanderait une persévérance,
un esprit de suite et de continuité dont l'Arabe est absolument
incapable.

3o L'absence presque complète de concours hippiques en
Afrique du Nord n'incite pas les officiers à rechercher et à deve-
lopper les moyens de saut naturels de ces chevaux. C'est dom-
mage.

Un officier qui s'occupe de concours hippique en Algérie peut
tout juste monter deux ou trois concours par an (1922, 3 ; 1923,
2 ; les deux à Alger). Les sociétés de courses locales, dont la situation financière n'est généralement pas brillante, ne visent que
des épreuves qui rapportent, et comme le concours hippique ne
fait pas fonctionner le pari mutuel, elles n'en organisent pas. Il
est très regrettable qu'elles ne soient pas orientées et poussées
même un peu, au besoin, dans cette voie.

Avant la guerre les concours hippiques n'existaient pour ainsi
dire pas en Afrique. Depuis la guerre, quelques timides tentatives ont été faites par des sociétés puissantes à Alger et à Oran
notamment. Alger fait actuellement un effort méritoire dans

ce sens. J'ai dit timides tentatives, car les obstacles sont le plus souvent insignifiants. Ceci s'explique d'ailleurs fort bien puisque tout le monde affirme ici que « le barbe ne saute pas ».

La perpétuelle répétition d'un tel aphorisme finit par le faire admettre par beaucoup comme une vérité indiscutable. Pour délimiter la part de vérité que peut contenir ce rabâchage obstiné, je conseille à mes camarades futurs Nord-Africains d'essayer et de ne pas prêter trop de crédit à ce dicton, ainsi qu'à bien d'autres qu'ils entendront. « Le vrai moyen de se garder du rabâchage, a dit, je crois, Buffon, c'est d'oublier le passé pour ne s'occuper que du présent et de l'avenir. »

Quand les concours hippiques seront nombreux en Afrique, alors, peut-être, les aptitudes pour l'obstacle que j'attribue aux chevaux barbes sauteront aux yeux de beaucoup si ce n'est de tous.

CHAPITRE II

LA POPULATION CHEVALINE DE L'AFRIQUE DU NORD ET L'ÉLEVAGE DU CHEVAL BARBE

§ 1. *La population chevaline* autrefois, aujourd'hui. — Causes de dégénérescence. — § 2. *L'élevage en Afrique du Nord.* — § 3. *Comment est élevé le cheval barbe.* — Son utilisation.

§ 1. — *La population chevaline autrefois, aujourd'hui. — Causes de dégénérescence.*

Le général Daumas, dans son livre très intéressant *Les chevaux du Sahara*, dépeint l'élevage du cheval barbe tel qu'il existait à son époque, entre 1830 et 1860. Cette époque était celle de la splendeur et de la prospérité musulmanes, celle qui justifiait bien la parole du Prophète : « De vraies richesses sont une noble et courageuse race de chevaux »; celle aussi où étaient écoutés les préceptes de la religion de Mohamed qui recommandaient aux croyants l'amour du cheval et les soins du dressage « faits pour donner au cheval un corps de fer et une âme de feu (¹) ».

Il ne faudrait pas croire que l'exposé et les descriptions que contiennent les livres du général Daumas sont encore vrais aujourd'hui.

Autrefois, les mœurs guerrières des Arabes pouvaient se donner libre cours. Leur vie se passait à combattre soit pour résister à l'envahisseur, soit pour régler les querelles inépuisables, les rivalités incessantes des tribus entre elles. Dans ces luttes, le succès dépendait le plus souvent de la qualité des chevaux.

(¹) « On devine la raison profonde de ces prescriptions mille fois répétées sous des formes à peine différentes » de cette nécessité qui s'impose à tout Musulman qui en a les moyens d'élever un ou des chevaux dans la voie de Dieu », c'est à-dire en vue de la guerre sainte... La population chevaline était encore extrêmement restreinte du temps du Prophète, au VIIe siècle de notre ère. Et le Prophète partant à la conquête du monde, ne pouvait que souhaiter voir augmenter rapidement sa cavalerie, seule reine des batailles, alors. »
M. Louis Mercier (*Les Hippiatres arabes*), *Sport universel* du 30 janvier 1925.

L'Arabe avait aussi *besoin*, à cette époque, d'un bon cheval vite et résistant pour parer aux nombreuses « razzias », pour défendre ses troupeaux, pour lutter de vitesse avec les ravisseurs, pour tenter de reprendre son bien, ou même encore pour chasser lorsque la chasse était l'unique et primitive industrie de l'Arabe. *Alors*, l'Arabe aimait son cheval. Celui-ci était véritablement le compagnon de sa vie aventureuse; il partageait ses périls comme aussi ses retours glorieux; il était soigné, récompensé, aimé, bien nourri, *parce que*, d'un moment à l'autre, son maître pouvait avoir besoin de lui et de lui demander beaucoup. La vie de l'Arabe, sa famille, son honneur, ses biens étaient le plus souvent à la merci des jambes et des poumons de son coursier. Voilà pourquoi, surtout, l'Arabe aimait son cheval. Voilà pourquoi, *alors*, il le soignait.

Tout ceci explique fort bien le soin que les Arabes avaient de leurs chevaux, l'attention avec laquelle ils veillaient à l'accouplement des juments, les sacrifices qu'ils consentaient volontiers pour donner aux juments des étalons d'une valeur reconnue. Dans une lettre au général Daumas, Abd-el-Kader dit :

« Le cheval est le plus beau de tous les animaux, mais il faut que son moral réponde à son physique. Les Arabes en sont tellement convaincus que si un cheval ou une jument ont donné des preuves incontestables de vitesse, de fond, de sobriété, d'intelligence, de docilité, ils feront tous les sacrifices imaginables pour en tirer race ». C'était vrai quand les Arabes avaient un indispensable besoin du cheval, quand les nécessités leur traçaient une vie aventureuse et guerrière, mais ce n'est plus vrai aujourd'hui.

Les choses ont bien changé en effet. Les chevaux ayant tellement fusionné ont perdu de leur valeur et, du fait du changement profond des habitudes, des coutumes du pays et des nécessités, la population chevaline s'est beaucoup appauvrie.

La vie aventureuse de guerre et de chasse des Arabes d'autrefois est devenue une vie nomade aux habitudes pastorales.

Aujourd'hui les « vertus guerrières des Bédouins sont annihilées et, du même coup, la multiplication du cheval qui en était l'âme et le mobile. En faisant des Arabes de paisibles agriculteurs, nous avons tué en eux l'amour du cheval (¹) ».

Aussi l' « Arabe et son coursier » devient de plus en plus un mythe (²) ».

Au temps d'Abd-el-Kader, la plupart des Arabes avaient deux et trois chevaux; en outre, quand le paisible Arabe de nos jours était un guerrier turbulent, beaucoup de caïds, marabouts ou chefs importants possédaient plus de cinquante chevaux soignés et bien nourris qui servaient à remonter ceux de leurs partisans qui étaient sans monture.

Aujourd'hui, on trouve tout juste un cheval par tente dans les rares qui existent encore dans l'extrême Sud; il n'y a guère plus que les riches et quelques caïds qui peuvent avoir des chevaux : eux seuls ont les moyens de se procurer l'orge nécessaire à leur entretien. Quelques tribus, cependant, où les mœurs guerrières, le goût de la chasse et du cheval n'ont pas complètement disparu s'occupent encore de l'élevage du cheval; parmi celles-ci on peut citer les tribus des Flittas et des Hamyanes qui chassent encore beaucoup à cheval la gazelle et le lièvre au faucon.

D'après les dires des gens du pays, les Arabes, jadis, se rendaient toujours dans les « souks » (marchés) des environs, ou allaient à la ville montés sur leur plus beau cheval brillamment harnaché dont, orgueilleux, ils se paraient; ils étaient fiers de le voir admiré. Chacun de leurs chevaux avait son « histoire » émaillée de faits merveilleux et d'actes de courage. Maintenant, dans les marchés on ne voit plus ou presque plus de cavaliers, les riches Arabes y viennent en voitures et même... en automobile; les moins fortunés, la grande majorité, arrivent sur des mulets plus rustiques et moins coûteux à élever et surtout sur des ânes. Ce dernier moyen de transport est de beaucoup le plus répandu, sinon le plus rapide. Il n'est pas d'Arabe qui ne possède son « bourricot » qu'il emploie aux besognes les plus variées.

La sécurité des tribus, la destruction de la féodalité arabe,

---

(¹) Jacoulet.
(²) Chevalier : Vétérinaire militaire.

le manque d'approvisionnements en vue des années de disette causé autant par l'appauvrissement des Arabes que par leur défaut de prévoyance et d'entêtement, les avantages qu'offre l'élevage du mulet et aussi l'absence de castration qui permet aux plus mauvais chevaux de reproduire, telles sont à mon avis les causes de la déchéance du cheval barbe, tant au point de vue de la quantité que de la qualité.

Le cheval barbe ne disparaît pas cependant; les remontes militaires agissent avec beaucoup d'efficacité sur la production et l'amélioration de la race.

§ 2. — *L'élevage en Afrique du Nord.*

Si l'on veut avoir une idée à peu près exacte de ce qu'est l'élevage en Afrique du Nord, il est nécessaire de tenir compte de certains faits spéciaux qui ont été maintes fois observés.

D'abord, comme partout ailleurs, il y a en Afrique pour l'élevage de bonnes et de mauvaises régions; toutes ne sont pas favorables à l'élevage; elles n'échappent pas aux règles si magistralement exposées par M. le vicomte du Pontavice de Heussey dans une série d'articles parus en 1924 dans le *Sport Universel.*

« Il faut croire au « cru » pour les animaux comme on croit au cru pour les fruits, raisins, poires, pommes, qui nous donnent bon vin ou bon cidre suivant les terrains.

« Dans des terrains quelconques, si l'on a l'audace d'y élever, on aura peut-être par hasard un bon cheval, un éclair, mais en règle générale, mauvais élevage se greffant sur mauvais terrain continuera à produire des mauvais animaux parce qu'il n'y a ni « terroir ni cru ».

« L'herbe signifie tout, si l'on sait comprendre l'herbe. Si elle pousse sur certains sols, sur certains crus, elle donnera la vigueur, la densité, la nervosité; si elle pousse sur certains autres, elle affirmera la lymphe, les tissus adipeux, la graisse... et l'herbage c'est l'eau, c'est le climat, c'est l'air, c'est l'oxygène, c'est l'espace; c'est toutes les conditions naturelles visibles ou occultes qui font des animaux grands ou petits, robustes ou malingres, vifs ou lents, nerveux ou lymphatiques, résistants ou fragiles.

Et surtout l'herbe c'est le cru et le cru en élevage c'est tout ».

Non seulement la quantité, mais encore la qualité des aliments que le cheval trouve sur son sol nourricier, influent sur le développement et la composition de sa charpente osseuse ainsi que sur la trempe de sa lame. Si certaines régions pourvues de riches paturages sur des sols argilo-calcaires sont excellentes pour l'élevage du cheval, par contre, d'autres sont pour cela absolument impropres. C'est une erreur de vouloir « faire du cheval » n'importe où et de croire que n'importe où l'on peut trouver de bons chevaux. Là où le « cru » n'est pas, beaux étalons, bonne orge ou bonne avoine seuls sont incapables de donner bons produits.

En se basant sur l'ensemble de la production des différentes régions de l'Afrique et sur l'expérience des acheteurs, il paraît assez facile de classer ces régions en bonnes ou mauvaises. Mais ce n'est là que la première des étapes indispensables si l'on veut mettre de l'ordre dans l'élevage de ce pays.

En France, suivant le modèle que nous désirons et l'emploi que nous voulons faire du cheval, nous allons le chercher dans le Boulonnais, le Perche, en Bretagne, dans le Charollais, le Limousin, la Normandie ou la plaine de Tarbes. Il n'en est malheureusement pas ainsi en Afrique. Tout y est mélangé. Le barbe d'attelage ou de trait léger, la claquette, le beau cheval de selle, le cheval généreux et plein de vigueur, le lymphatique sans énergie, le beau modèle et la « chèvre » poussent ensemble éparpillés et n'importe où ; c'est l'élevage en vrac, pêle-mêle ; on a l'impression d'un puzzle brouillé et compliqué ; l'ordre manque et l'élevage y perd certainement.

Non seulement les crus devraient être classés, mais encore les différents modèles devraient être parqués, si l'on peut dire, dans les régions qui leur conviennent le mieux. Chaque région de bon cru devrait être orientée vers un modèle déterminé et l'élevage encouragé dans ces diverses directions.

§ 3. — *Comment est élevé le cheval barbe. — Son utilisation.*

« On ne donne aux chevaux tous les soins qu'ils réclament,

on ne sait en obtenir tous les services dont ils sont susceptibles qu'à condition de les aimer, de les comprendre, d'apprécier
leurs facultés intellectuelles, d'y faire appel au lieu de les considérer comme de simples automates » (Jacoulet).

Dans les tribus qui élèvent encore des chevaux, à dix-huit
mois ou deux ans le dressage du poulain commence. Dès cet
âge il est souvent monté pour de longues courses et les Arabes
s'en servent pour labourer. Mais le plus souvent il n'est encore
monté qu' « à poil » ou avec quelques couvertures sur le dos,
généralement sans mors, sans autre moyen qu'un licol au bout
d'une corde en alfa. Les enfants, dès leur plus jeune âge, le montent ainsi à toutes les allures, le conduisent à la voix ou en tirant sur le licol et le dirigent en lui tapant sur la tête du côté
opposé où ils veulent tourner. Ce mode de conduite est fort
apprécié des Arabes. Il a l'avantage de n'être ruineux ni pour le
cheval ni pour le cavalier et de n'exiger qu'un tact à la portée
de tous.

Mais le cheval vient d'avoir trois ans. Dans les tribus cavalières, à cet âge, on lui met la selle et, tout de suite, la bride, et
quel mors de bride!!! Je le présenterai tout à l'heure. Entre
le licol et la bride il n'y a le plus souvent aucune transition; le
filet est à peu près inconnu et inemployé. Ainsi, à peine poulain,
les Arabes montent leur cheval un jour sur deux, sans se soucier
de son état, pour chasser le lièvre ou la gazelle. Puis ils l'habituent aux acrobaties de la « fantasia » et le moment est venu de
le juger, de voir s'il a de la valeur. A cet effet, les chefs arabes
ont l'habitude de le soumettre à des épreuves très pénibles; ils
le montent à la chasse au sanglier ou à la gazelle en se gardant
bien de le ménager. La tribu des Hamyanes, cavaliers fameux
de la région sud de Méchéria est réputée pour ces sortes d'é-
preuves qui ont pour but de montrer ce que les chevaux « ont
dans le ventre ». Des courses de chevaux qui se disputent habituellement sur 30 ou 40 kilomètres sont organisées et menées
au galop de bout en bout. Les poulains qui, dans ces rudes épreuves, font preuve de fond, de vitesse, de résistance, sont justement
considérés comme de très bons chevaux. On peut affirmer,
en effet, que les chevaux qui résistent à de telles épreuves sans

entraînement préalable, ou après quel entraînement !... sont solides et bien trempés. Les autres sont vendus.

A quatre ans, les mêmes épreuves recommencent et les cavaliers n'ont pour lui, je le répète, aucun ménagement.

Le dressage du cheval est alors terminé et il peut être monté par tout le monde... Il est alors soumis, le restant de sa vie, à des travaux très pénibles et à toutes sortes de privations.

Pendant tout ce temps, quelle a été son alimentation? Elle a été le plus souvent misérable, le poulain essayant de trouver sa nourriture en rasant les quelques touffes d'herbe, de « drinn », de « diss » ou d'alfa qu'il trouve sur la terre sèche, à végétation rare et rabougrie, autour de la tente de son maître qui lui distribue l'orge chichement et... quand il en a.

« L'alimentation des chevaux est plutôt en rapport avec la fortune du maître qu'avec la taille, l'âge et les besoins de l'animal. L'alimentation est la plupart du temps parcimonieuse et même misérable. Chez les Arabes de « grande tente », qui sont de plus en plus rares, le poulain est caressé par les femmes et les enfants, il reçoit des dattes, des farines, du « kouskous » (¹).

Les Arabes riches qui possèdent des troupeaux de chameaux importants, abreuvent même leurs chevaux en remplaçant l'eau, souvent très rare, par du lait de chamelle.

« Mais, continue M. Ginieis, il serait une erreur de croire cette sollicitude générale; elle n'existe que là où l'opulence règne sous la tente; la plupart du temps, le cheval partage la misère de son maître et n'en reçoit pas plus de soins que le maître ne s'en donne lui-même... A six ans, le cheval atteint la plénitude de ses forces, il résiste jusqu'à dix ou douze ans aux épreuves les plus pénibles, puis il ne peut plus servir que s'il est très ménagé et n'est plus bon le plus souvent que pour les labours. « Dix ans de selle, dix ans de « merdja » (pâturage de marais) disent les indigènes, mais, dix ans de selle aux mains d'un Arabe représentent pour un cheval une belle carrière. »

Le plus souvent en Algérie ou au Maroc, « le dressage » du cheval est inexistant. Les indigènes du « bled » utilisent le cheval

______

(¹) M. Ginieis, vétérinaire militaire.

pour labourer, pour les transporter, toujours au pas, d'un endroit à un autre, ou pour porter des fardeaux. Il n'est pas rare de voir sur le même cheval 2 hommes assis sur ces sortes de bâts faits de sacs bourrés de paille qu'ils emploient conduisant le cheval au moyen d'un licol, d'une corde passée dans la bouche de l'animal, ou d'un mors de mulet (s'rima) casse-mâchoire de tout premier ordre dont je parlerai plus loin (voir *photos 9* et *10*.)

Photo 9. — Barbe du Gharb (Maroc occidental).

Photo 10. — Barbe du Gharb (Maroc occidental).

Photo 11. — Cheval de Constantine.

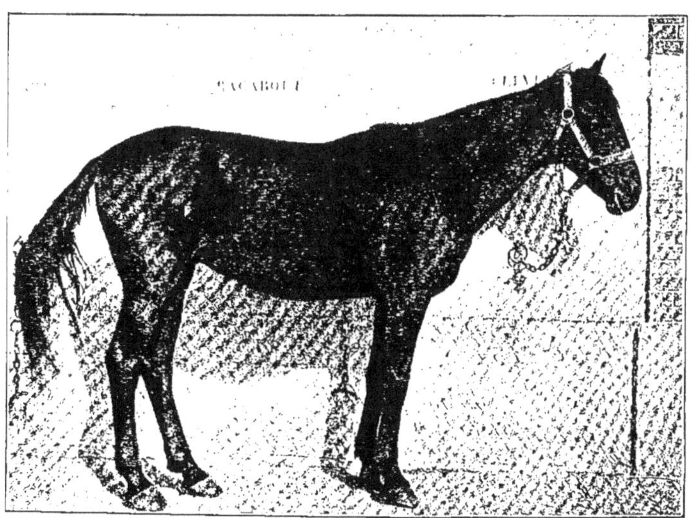

Photo 12. — Cheval de Constantine.

CHAPITRE III

DES DIFFÉRENTES VARIÉTÉS DE LA RACE BARBE

§ 1. *Les chevaux d'Algérie.* a) Province de Constantine. b) Province d'Alger. c) Province d'Oran. — § 2. *Les chevaux du Maroc.*

Le modèle du cheval barbe n'est pas uniforme dans toute l'Afrique du Nord. Il varie au contraire suivant les régions où il est élevé. Comme cause de ces variétés, l'influence de la région, du terroir, est la plus importante; celle de l'homme est à peu près négligeable.

§ 1. — *Les chevaux d'Algérie.*

a) *La Province de Constantine* est la plus riche en chevaux; elle fournit les meilleurs éléments de reproduction. Son sol est le plus fertile et le plus riche en pâturages, surtout dans les sub-divisions de Sétif et de Constantine.

Les chevaux de cette province sont plus grands que ceux de la province d'Oran; leur taille varie entre 1 m. 45 et 1 m. 65.

« Ces chevaux sont plats, anguleux, la tête est sèche, longue et un peu busquée, le nez fuyant, l'encolure droite longue ou renversée et haut greffée, la poitrine haute et ogivale, le rein souvent défectueux, le dessus tranchant, le garrot élevé, la croupe longue mais oblique, les hanches saillantes; les tendons sont généralement mal détachés, les genoux et les jarrets hauts, les pieds petits [1]. » (*Photos. 11 et 12.*)

b) *La Province d'Alger* est de beaucoup la plus pauvre en chevaux; ils sont beaucoup moins estimés que ceux des autres provinces.

Il semble que dans cette région les éleveurs tentent d'améliorer la production du pays en injectant du sang arabe; la majo-

------

[1] Jacoulet.

rité des chevaux provenant actuellement de cette province sont des arabe-barbes. Les résultats n'en sont d'ailleurs pas heureux. Là, justement, le « cru » n'y est pas et ces chevaux demeurent malgré tout moins bons que ceux des autres provinces.

En général ils sont mal établis, manquent d'os, d'étoffe et de solidité; ils sont grêles, légers, enlevés, étroits, serrés de partout, dégingandés. On trouve bien rarement parmi les arabe-barbes de cette province, un beau et bon cheval (*photo. 13.*)

c) *La Province d'Oran* tient le milieu entre les deux autres. Elle possède « la variété barbe la plus précieuse sinon la plus belle de l'Algérie » (¹). Ses chevaux sont de bonne qualité.

« Ils sont près de terre, étoffés, bien roulés, dépassant rarement 1 m. 52. Leurs lignes sont courtes mais correctes dans leur direction. La tête est carrée au profil droit ou très légèrement bombée, l'encolure courte ou moyenne, arrondie supérieurement. L'épaule est un peu chargée, le garrot épais, le dos et les reins larges, les hanches sont effacées, la croupe en cul de poule, la queue attachée bas, les membres et les articulations larges, les genoux souvent renvoyés, les jarrets étroits à la base » (*photo. 14*).

Dans la province d'Oran, comme subdivisions où l'on trouve les chevaux les plus estimés il faut citer la subdivision de Mostaganem (Les Arabes des Flittas (Relizane) produisent les meilleurs chevaux de l'Algérie) (²), les subdivisions de Mascara, de Sidi-bel-Abbès et d'Oran qui produisent toutes les trois de beaux et très bons chevaux. Une région à citer tout particulièrement est celle de Thiaret. La subdivision de Tlemcen est celle qui produit les plus mauvais chevaux de la province; ils sont mal conformés et de mauvaise qualité. Sa proximité du Maroc en est cause et l'on sent dans les chevaux de cette région les mauvaises influences du cheval marocain qui est le plus mauvais des chevaux barbes.

(¹) Jacoulet.
(²) Le territoire des Flittas commence à 60 kilomètres au sud de Mostaganem; il touche d'un côté à la plaine de la Mina, de l'autre aux limites du Tell.

Photo 13. — Cheval de la province d'Alger.

Photo 14. — Cheval de la province d'Oran.

Photo 15. — Jument du Rif (plaine de Targuist).

Photo 16. — Cheval du Rif (région de Targuist).

Photo 17. — Cheval du Rif.

Photo 18. — Barbe du Gharb.

Photo 19. — Chevaux du Gharb.

§ 2. — *Les chevaux du Maroc.*

Vallon, dans son hippologie, fait du cheval marocain le portrait suivant : « Les chevaux du Maroc sont moins purs que ceux de l'Algérie ; ils sont plus grands et moins élégants. Leurs mouvements sont moins puissants et moins étendus. Il y a manque d'harmonie dans leur organisation, les aplombs sont irréguliers, la charpente osseuse est forte, mais les os manquent de densité (exostoses) ; la tête est lourde, mal attachée et peu expressive, les oreilles longues et rapprochées, le front étroit et bombé, le chanfrein busqué, les lèvres fortes, l'encolure grêle et renversée, le corps est anguleux ; on trouve rarement de belles proportions ; la poitrine est peu spacieuse, le rein souvent mal attaché, l'épaule courte droite et collée au tronc, le tendon grêle et faible, le boulet et le paturon faibles et longs, le jarret manque de largeur et d'épaisseur ; les chevaux du Maroc ont moins de race, de sang et de vigueur que les autres chevaux barbes ; ils sont moins durs aux fatigues et dans les pays montagneux ils se tarent très vite »

Les chevaux du Maroc semblent bien être en effet les moins bons des chevaux barbes. Mais il y a des degrés dans le mal et la production chevaline varie beaucoup, là aussi, selon les régions.

Les ayant parcourues avec d'autres occupations que celles d'étudier cette question, je ne peux formuler une appréciation complète et suffisamment documentée. Au hasard de mes pérégrinations j'ai emmagasiné dans mon appareil photographique la plupart des différents types reproduits ici.

La plus mauvaise région est sans conteste, je crois, le Maroc oriental.

J'ai été étonné de trouver à Targuist, dans le Rif, une population chevaline assez dense ayant peu de similitude avec les barbes nord-africains. Avec leurs têtes fortes niant la présence du sang arabe, ces chevaux ressemblent plutôt à des demi-sangs « claquettes » (*photos. 15, 16, 17*). Peut-être est-ce l'influence de juments importées d'Espagne. Ils ont de l'os, de l'encolure, mais sont dégingandés et mal éclatés. Ils accusent souvent du sang, mais non du sang arabe.

Dans les meilleures ou les moins mauvaises régions pour l'élevage du cheval il faut citer la région des Doukkalas et des Abdas (sud de Mazagan) et la région des Zemmour (Tiflet-Khemisset) où j'ai vu les plus jolis chevaux du Maroc et qui produit un type bien soudé, bien proportionné, genre Constantine. La région des Beni-Hassan, dans la boucle du Sebou, m'a semblé moins bonne. Les plaines du Gharb (le couchant) donnent un modèle peu sérieux, peu important, ces chevaux sont grêles, serrés de partout, pas de garrot, épaule et dessus droits, genoux hauts (*photos. 18 et 19*). En remontant vers Ouezzan, épaule et encolure s'améliorent, mais le derrière reste faible, incliné et n'est plus proportionné.

Les photos *20* et *21* présentent un type de chevaux marocains tout différent. Ce sont des chevaux de la région de Mogador (Tribus des Haha et des Chiadma).

En généralisant, on peut dire que le barbe du Maroc est en ce moment plutôt médiocre, il manque d'os le plus souvent, a l'épaule droite courte et plaquée, le genou haut, la croupe abattue, le jarret coudé.

Dépôts de remonte et jumenteries font de la bonne besogne et améliorent de plus en plus la race avec une réussite bien méritée par leurs efforts persévérants et méritoires. Chez le barbe « rectifié » qui sort de leurs établissements l'épaule s'incline, la croupe se relève, les aplombs et la solidité deviennent très bons.

Photo 20. — Chevaux de Mogador.

Photo 21. — Chevaux de Mogador.

DEUXIÈME PARTIE

COMMENT EST MONTÉ LE CHEVAL BARBE

———

CHAPITRE I

LES MOYENS

§ 1. — Le harnachement arabe : 1° *La selle*. Sa constitution, ses caractéristiques au point de vue équestre. — 2° *Les mors*. La « honte du mors arabe ». A. Le mors arabe militaire, ses particularités, « on s'imagine généralement qu'il est dur »; le mors arabe militaire comparé au mors réglementaire français. Indépendamment de la force de levier du mors, d'autres éléments peuvent produire sa dureté; les qualités que le *Manuel à l'usage des gradés des Régiments de Spahis* attribue au mors arabe. Comment le mors arabe produit l'affaissement de l'encolure. B. Le mors arabe civil, sa constitution, sa dureté. C. Le mors de mulet, sa constitution, sa dureté. — § 2. — Les moyens d'impulsion : A. Les éperons arabes; B. L'étrier; C. Le choc de l'éperon contre l'étrier; D. L'extrémité des rênes.

§ 1. — *Le harnachement arabe.*

Maintenant que nous avons fait connaissance avec le sympathique cheval barbe, nous allons voir quels sont les instruments utilisés par le cavalier arabe pour le monter et le conduire. Nous verrons ensuite comment il s'en sert.

1° *La selle.* — La selle arabe civile et la selle arabe militaire sont toutes deux à peu près identiques. Elles diffèrent complètement de nos selles françaises ou anglaises (fig. 22, photo 23).

La selle arabe est constituée par deux lames de bois reliées entre elles par un pommeau (*Kerbous*) et un troussequin (*guedda*) très élevés; le tout est recouvert d'une sorte de parchemin. Une housse en *filali* (peau de chèvre) se place sur la selle et complète ce rustique harnachement. La selle est isolée du dos du cheval par plusieurs feuilles de feutre qui tiennent lieu de matelassure.

Les caractéristiques de la selle arabe au point de vue équestre sont les suivantes (¹) :

« A. Les porte-étrivières sont placés très en arrière, de sorte que si l'étrier est porté très court (longueur réglementaire trois fois la hauteur du poing fermé plus 3 doigts) le cavalier est contraint d'avoir les jambes très pliées, les mollets en contact avec le corps du cheval (photo 24).

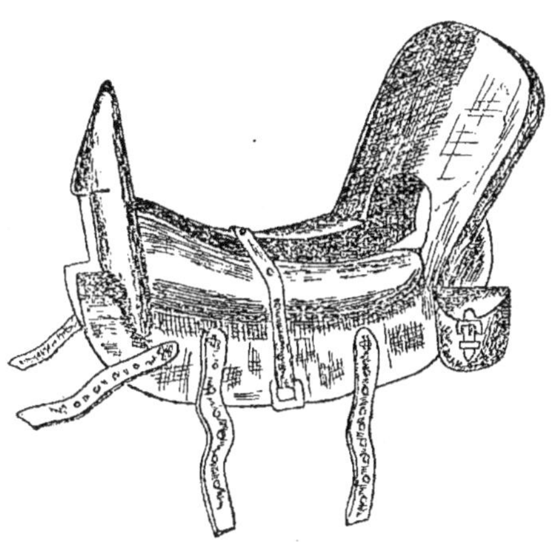

Fig. 22. — Selle arabe sans housse.

« B. La forme des étriers permet au cavalier de faire porter sur eux tout le poids de son corps. Elle lui permet également d'employer l'angle de l'étrier comme aide à l'instar de l'éperon, mais, en raison de sa dureté, ce procédé ne doit être employé qu'exceptionnellement.

« C. La hauteur du troussequin (*guedda*) permet au cavalier debout sur les étriers d'appuyer les fesses sur le troussequin et de conserver sans difficulté cette position aux allures vives. »

Un surfaix passant sous la housse est placé sur la selle et un large poitrail maintient la selle en place.

2° *Les mors.* — Quand je parle du mors, c'est du mors de

____

(¹) *Manuel à l'usage des gradés des Régiments de Spahis.*

Photo 23. — Selle arabe.

Photo 24. — Position du cavalier arabe.

bride dont il s'agit, le filet ne faisant pas partie du harnachement arabe.

Je m'étendrai sur ce paragraphe qui en vaut la peine, m'ef-
forçant d'expliquer avec le plus de modération possible ce que
j'appelle la « honte du mors arabe ». Nous étudierons non seulement le mors de spahis mais encore le mors civil et le mors de
mulet que les Arabes mettent parfois dans la bouche de
leurs chevaux.

Ces différents mors sont là devant moi pendant que j'écris et
mon bureau semble transformé en un hideux arsenal d'instruments de torture propres à faire frémir le cheval aux barres les
plus indifférentes.

Pour la commodité de l'exposition nous examinerons ces mors
dans l'ordre suivant : le mors militaire, le mors civil (*l'djem*) et
nous garderons pour la fin le dernier instrument de supplice
(j'allais dire chinois...) le mors de mulet (*s'rima*).

A. *Le mors arabe militaire*, c'est-à-dire le mors réglementaire
dans les régiments de cavalerie indigènes, diffère sensiblement
du mors de bride réglementaire dans la cavalerie métropolitaine
(photo 25).

« La comparaison de ces deux embouchures fait ressortir pour
le mors arabe les particularités suivantes :

« *a*) Les branches sont courtes et ne se prolongent pas au-
dessus des canons comme dans le modèle français;

« *b*) Le mors est réuni aux montants de la bride par l'intermédiaire d'anneaux adaptés à l'embouchure elle-même;

« *c*) La liberté de la langue est très prononcée;

« *d*) La gourmette est constituée par un anneau dont le diamètre est sensiblement égal à la largeur de l'embouchure. La
partie postérieure de l'anneau, élargie et aplatie, porte sur la
barbe. La partie opposée, arrondie et amincie, traverse une
douille brasée sur le sommet de la liberté de langue. Le plan de
l'anneau tourne autour de cette dernière partie;

« *e*) Les anneaux auxquels s'adaptent les rênes ne sont pas
fixés aux branches du mors directement mais par l'intermédiaire d'une tige qui joue dans un œil pratiqué à la partie inférieure de la branche.

« Dans le mors arabe comme dans le mors français, chacune des deux branches agit à la façon d'un levier du deuxième genre dans lequel la gourmette placée derrière la barbe représente le point d'appui. La résistance est sur les barres, la puissance est à l'extrémité inférieure de la branche, mais dans le mors français, les deux bras du levier sont constitués respectivement par la partie supérieure et la partie inférieure de chacune des branches du mors, chaque branche forme donc, à elle seule, un levier. Dans le mors arabe, au contraire, chaque branche

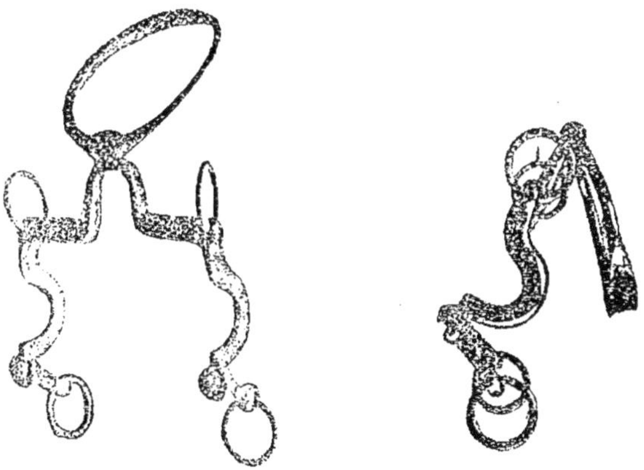

Photo 25. — Mors arabe militaire.

ne constitue que le bras inférieur du levier, le bras supérieur est formé par la liberté de la langue.

« On dit qu'un mors est plus ou moins dur suivant que le levier qu'il représente est plus ou moins puissant, qu'il existe plus de différence entre les longueurs respectives de ses deux bras.

« Il suffit d'examiner le mors arabe pour reconnaître qu'il est beaucoup moins dur qu'on se l'imagine généralement. »

Les expériences faites avec le mors arabe et le mors réglementaire français au moyen d'un peson au cadran noirci à la fumée, ont démontré que la puissance de ces deux mors *en tant que leviers* est à peu près équivalente. Mais la longueur des bras de levier d'un mors ne suffit pas pour déterminer sa dureté. D'autres éléments entrent pour cela en ligne de compte. Ils sont pour le mors arabe :

1° Le passage de langue qui a plus de 6 centimètres de hauteur alors qu'il est à peu près de 3 centimètres dans le mors français.

2° L'anneau gourmette aplati dans sa partie inférieure qui repose sur la barbe du cheval et dont les bords tranchants peuvent couper la peau du cheval.

« La dureté du mors — lisons-nous dans le *Manuel à l'usage des gradés de Spahis*, — est d'autre part atténuée par le mode d'attache des rênes et par le fait que les bras du levier formé par chacune des branches ne sont pas dans le prolongement l'un de l'autre. » Je ne vois pas pourquoi.

« Par la hauteur de la liberté de langue et par le mode d'insertion de l'anneau gourmette — dit ce règlement — il incite automatiquement le cheval à ouvrir sa bouche et à décontracter sa mâchoire. »

Indiscutablement, le mors arabe *force le cheval à ouvrir* la bouche ; il l'incite *à décontracter* la mâchoire à la manière d'un levier dont on se servirait pour desserrer les dents d'un noyé. Le cheval cède à la douleur insupportable provoquée par l'appui sur son palais du passage de langue élevé, il cède comme finit par céder aussi le cheval dont la mâchoire est prise dans l'étau d'une flexion directe qui se resserre de plus en plus sans cession. Dans ces conditions, il est facile de se rendre compte que les flexions produites par ce mors, bien plus encore que les flexions directes, exigent une manipulation délicate alliée à beaucoup de tact, *car il est absolument nécessaire de cesser d'agir à l'instant précis où le cheval cède*. Ce jeu d'oppositions de résistances est jeu d'artiste. Sans toutefois vouloir exagérer une difficulté qu'un simple humain peut vaincre, je crois pouvoir dire cependant qu'il nécessite un tact que ne possède pas le cavalier arabe.

Forcer la mâchoire à s'ouvrir n'est pas la décontracter. Si le mors arabe peut *forcer* le cheval à ouvrir la bouche, ce *seul* fait ne peut *par lui-même* produire décontraction et souplesse de mâchoire. Pour en venir là, ce n'est pas surtout la qualité du mors qui doit intervenir mais celle du cavalier. Comme l'archet, le mors de bride a la valeur de la main qui l'actionne.

Le mors arabe n'a donc par lui-même et de par le fait de sa disposition spéciale (« mode d'insertion de l'anneau gourmette » ou « hauteur de la liberté de langue ») aucun pouvoir ni mécanique ni magique pour *décontracter* ou *assouplir* l'articulation maxillaire. C'est la science, c'est le doigté, c'est l'habileté du bon écuyer qui seuls pourront aboutir à la décontraction, à la souplesse, à la légèreté, en exploitant les effets du mors, et ce, avec une finesse d'autant plus précise que le mors est plus dur, plus sévère. Un très bon cavalier pourra obtenir avec le mors arabe la souplesse totale de la mâchoire parce qu'il aura en main le talent suffisant pour percevoir la plus légère cession musculaire, et *y céder* avec un à-propos habile, mais si cet instrument délicat vient à tomber entre les mains d'un cavalier quelconque, adieu souplesse, adieu perçant et impulsion, adieu pauvre cheval !

Cette particularité du mors arabe (*forcer l'ouverture* de la bouche) ne demeure un avantage que *si* le cavalier a le talent de l'exploiter ; dans le cas contraire, elle devient inversement, en même temps qu'une grande infériorité, un danger lourd de conséquences malheureuses.

Pas plus que n'ont existé en Égypte ces chimères semblant nées d'accouplements hideux, n'existent en Afrique des bras arabes au bout desquels se meuvent de fines mains d'écuyers. Aussi ce serait une erreur grave de pronostiquer souplesse maxillaire ou décontraction des muscles digastriques parce que les chevaux barbes que l'on voit ont la bouche ouverte ; la bouche ne s'ouvre que lorsque le mors et la douleur la forcent à s'ouvrir et comme le cheval, ainsi, est loin d'être léger, le mors continue d'agir, le passage de langue se transforme en poire d'angoisse, le cheval ne peut plus refermer sa bouche, il tire et se contracte alors de plus en plus la bouche ouverte. Voilà le tableau vrai de la réalité.

Pour se convaincre de ce que j'avance, il suffit de monter avec une autre embouchure, filet ou mors sans passage de langue ou avec passage de langue moins haut, un cheval habituellement monté en bride arabe par un cavalier ordinaire ; le

cheval ayant l'habitude de ne céder qu'à la douleur ne cède
plus du tout quand on supprime la cause de cette douleur.
Montez-le pendant une heure ou deux, il vous sera facile de
juger de sa souplesse de mâchoire, il la contractera sur le mors
pendant des heures sans faire généralement la plus petite cession. Si le mors arabe avait le don de *décontracter* la mâchoire
et si le cheval généralement monté avec ce mors avait réelle-
ment la mâchoire souple, souple elle resterait avec n'importe
quel mors de bride ou de filet; un levier ne serait pas nécessaire pour lui desserrer les dents.

Je continue à citer le *Manuel à l'usage des gradés des Régiments de Spahis :* « Ce résultat obtenu (la décontraction de la
mâchoire), l'action des canons sur les barres amène le cheval
à fléchir la tête sur la partie antérieure de l'encolure et comme
le mors agit uniquement de haut en bas, son action tend enfin
à affaisser l'encolure. »

Désireux d'écourter cette analyse critique, je me bornerai à
attirer l'attention du lecteur sur la phrase que je viens de citer
et plus spécialement sur les points suivants : Tous les mors de
bride que je connais sont par raison d'être des abaisseurs et ils
agissent « de haut en bas » sur les barres du cheval, ce n'est
pas une particularité du mors arabe.

Je ne vois pas pourquoi ce mors porterait en lui-même la
propriété d'affaisser l'encolure alors que les autre mors de bride,
qui agissent pourtant dans une direction analogue, en seraient
dépourvus. Ce n'est donc pas à mon avis simplement l'*action* du
mors arabe qui « tend à affaisser l'encolure », mais plus précisément et en réalité, si l'encolure s'affaisse, *c'est parce que
l'action du mors* est brutale et excessive, parce que les Arabes
sont absolument incapables de se bien servir d'un mors qui est
trop dur pour eux. Voilà la *cause* proprement dite ou efficiente
de l'affaissement de l'encolure du cheval barbe.

Exactement, d'ailleurs, comme le mors arabe, les mors de
bride français peuvent amener l'affaissement de l'encolure s'ils
sont mal employés et *si leur dureté n'est pas en rapport avec
les possibilités équestres et les qualités de main des cavaliers qui
s'en servent.*

B. *Le mors arabe civil.* — Nous allons d'abord voir comment il est fait, puis nous chercherons à nous rendre compte de sa dureté. Le mors de bride civil (photo 26) diffère du mors militaire par sa grossièreté, ses angles ne sont pas ou sont peu arrondis, la plus grande partie est faite d'une latte de fer forgé d'une épaisseur de 5 millimètres percée de trous pour le passage des anneaux. L'anneau gourmette fait d'une tige de fer ronde ayant un diamètre de 5 millimètres n'est pas aplati à sa partie inférieure.

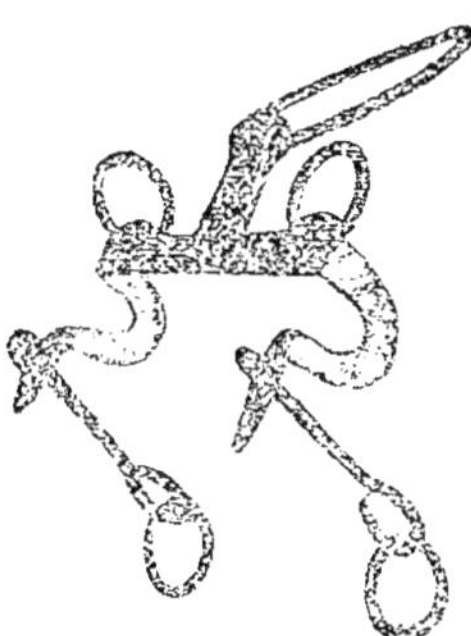

Photo 26. — Mors arabe civil.

Si l'on tenait uniquement compte de la puissance de levier de ce mors, il serait le plus doux de ceux que nous avons vus jusqu'ici. Ce qui le rend au contraire le plus sévère des mors précédents, c'est :

1° Son passage de langue aux arêtes vives encore plus élevé que celui du mors militaire (7 centimètres au lieu de 6);

2° L'anneau gourmette plus mince;

3° Et surtout les bords *non arrondis* de la latte de fer épaisse de 5 millimètres qui appuie sur les barres du cheval.

Toutes ces particularités réunies font de cet instrument, le modèle du genre, un appareil de torture des plus perfectionnés propre à émouvoir la Société protectrice des animaux et qui devrait en tout cas émouvoir profondément le cœur d'un cavalier digne de ce nom...

C. *Le mors de mulet.* — Nous allons voir une toute autre invention encore plus infernale. Le mors de mulet peut être

assimilé à un levier du premier genre. Ce mors a plus d'effet
sur le passage de gourmette que sur les barres. Il est constitué
par un anneau en fer forgé dans lequel passe l'extrémité de la
mâchoire inférieure (photo 27). La partie antérieure de l'anneau qui repose par ces côtés sur les barres du cheval est ronde,
la partie postérieure aplatie et *à bords tranchants* vient appuyer
quand on se sert du mors sur la barbe du cheval.

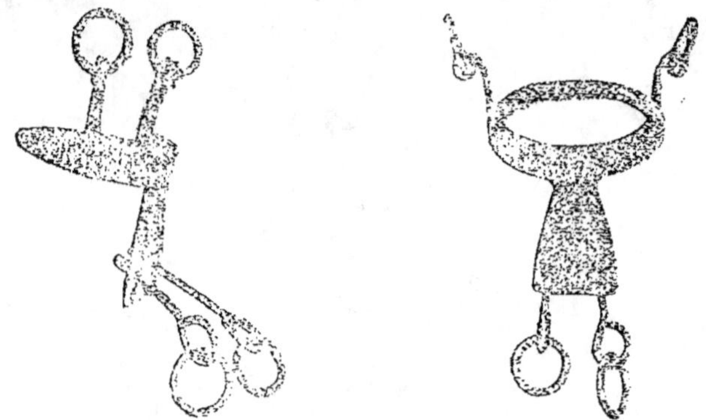

Photo 27. — Mors de mulet.

Le diamètre de la tige ronde qui repose sur les barres est de
1 centimètre, la partie postérieure aplatie dans le sens vertical
a une épaisseur de 5 centimètres. Ce qui rend surtout ce mors
très dur ce sont les arêtes coupantes qui reposent sur la barbe
du cheval justement à l'endroit où vient s'appliquer la force
de traction du cavalier. Cet instrument est un « casse-mâchoire »
de tout premier ordre d'une invention vraiment géniale.

Bien qu'employé le plus souvent avec les mulets, ce mors est
mis parfois dans la bouche des chevaux et plus spécialement
des chevaux de bât. Les Arabes disent qu'avec ce mors, il est
impossible au cheval de buter et de tomber...

Quand on étudie tous ces appareils brutaux et féroces n'a-t-on
pas l'impression qu'avec cet arsenal ce sont des lions, des bêtes
sauvages, des fauves terrifiants que ces Arabes cavaliers ont
entrepris de dompter? Ils sont si doux, si dociles, si naturellement soumis, si bons ces pauvres petits chevaux...

§ 2. — *Les moyens d'impulsion.*

La connaissance des mors arabes doit déjà faire supposer au lecteur que leur grande dureté a pour conséquence l'acculement du cheval.

Dans le but de lutter contre cet équilibre défectueux, le cavalier arabe s'arme de moyens très puissants pour communiquer au cheval « une impulsion poussée à l'extrême » ([1]).

Nous verrons plus loin si le remède employé est capable de combattre efficacement le mal causé par le mors.

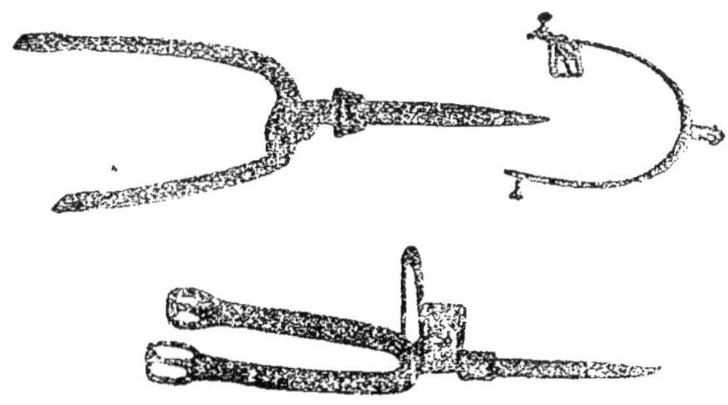

Photo 28. — Éperons arabes.

Comme moyens d'impulsion le cavalier arabe possède les éperons, le coin de l'étrier, le choc de l'éperon contre l'étrier et... le fouet dont est munie l'extrémité des rênes.

a) *Les éperons.* — Les éperons arabes militaires sont les mêmes que les éperons réglementaires français. Les éperons civils, par contre, sont quelque peu différents, ainsi que le montre la photographie n° 28.

Ces éperons, il est vrai, ne sont pas employés par tous les cavaliers civils mais on en voit assez souvent cependant qui sont affublés de tels instruments; fort heureusement, leur emploi disparaît de plus en plus. Ils étaient surtout d'un usage courant autrefois, quand l'Arabe était un vrai « cavalier »; ils le sont encore dans certaines tribus cavalières du Sud où souvent,

---

([1]) *Manuel à l'usage des gradés des Régiments de Spahis.*

paraît-il, les Arabes n'en portent qu'un seul. Je comprends que ça leur suffise.

Étant donnée la position de jambe du cavalier arabe, on se rend compte combien ces éperons sont dangereux. Il n'est pas étonnant qu'après les fantasias les flancs des chevaux, labourés, soient pitoyables à voir.

b) *L'étrier.* — Les Arabes renforcent encore l'action de la jambe par l'angle de leurs grands étriers. Ce moyen est très dur et je dois dire que le *Manuel des Gradés de Spahis* n'en préconise l'emploi qu'exceptionnellement.

c) *Le choc de l'éperon contre l'étrier.* — L'action des jambes peut être aussi renforcée par le choc de l'éperon contre l'étrier « dont le bruit excite le cheval beaucoup plus qu'un appel de langue » (¹). Je le conçois !...

d) *L'extrémité des rênes.* — L'extrémité des rênes est de plus munie d'un fouet. Ce qui est visible dans la photographie 24.

Chaque fois que le cavalier se sert de ce fouet, le cheval reçoit en même temps un à-coup sur la bouche du doux petit mors que nous connaissons. Naturellement, le pauvre cheval discerne avec difficulté un commandement fait dans de telles conditions; il en résulte une répétition de commandements analogues de plus en plus accentués et brouillés faits par un cavalier qui commence à jouer des castagnettes avec ses éperons et ses étriers, en gesticulant d'une façon grotesque. On conçoit sans peine que tout cela ne peut avoir comme effet sur le cheval que d'émousser son perçant et sa gentillesse...

(¹) *Manuel à l'usage des gradés des Régiments de Spahis.*

CHAPITRE II

L'ÉQUITATION DANS LES TRIBUS ARABES

> « Nourris-moi comme ton ami et monte-moi comme ton ennemi », fait dire au cheval un proverbe arabe.
>
> « Il faut une intelligence pour parler au cheval et non pas une machine fonctionnant brutalement. »
>
> (BAUCHER.)

§ 1. — *La légende de « l'Arabe cavalier et homme de cheval accompli ».* Ses idées sur le cheval; comment il l'apprécie; son habileté équestre. § 2. — *L'équitation arabe dans les tribus,* les fantasias. Comment les Arabes se servent du mors dans les tribus. Conséquences de l'emploi d'un mors trop dur. « Il existe une relation intime entre la puissance des éperons et celle du mors de bride. » Comment les Arabes croient pouvoir rétablir l'équilibre. Les erreurs fondamentales de l'équitation arabe dans les tribus : *a)* l'absence de dressage; *b)* la dureté du mors.

§ 1. — La légende de « l'Arabe cavalier
et homme de cheval accompli ».

Nous allons voir maintenant comment le cavalier arabe se sert des instruments que je viens de décrire, d'abord dans les tribus, ce qui fera l'objet de ce chapitre, puis dans les régiments de spahis.

La connaissance des moyens employés par le cavalier arabe doit déjà donner une idée de ce qu'il est en réalité.

Je sais bien qu'il faut respecter les légendes si l'on veut éviter de chagriner son prochain, mais vraiment je suis forcé, à mon grand regret, d'en démolir une. Que cela me soit pardonné! L'Arabe n'est pas un cavalier; il ne peut prétendre à ce titre.

Il me paraît nécessaire de préciser ici une fois pour toutes la signification que je donne au mot « cavalier ». Dans mon idée, un cavalier n'est pas seulement celui qui monte ou qui tient sur un cheval; c'est aussi, c'est surtout, celui qui aime le cheval, qui le connaît, qui ne le considère pas comme une machine mais comme un être sensible doué d'intelligence et de volonté; c'est celui qui sait dresser le cheval, l'utiliser, le mener avec intelligence et avec goût: celui qui est instruit en équitation et qui sait appliquer rationnellement les connaissances mécaniques, psychologiques et autres que comporte cette science.

Pour être juste je dois ajouter que je crois l'Arabe très capable de devenir un cavalier, mais il a besoin pour cela d'être instruit en équitation. Familiarisé avec le cheval dès son plus jeune âge, ardent, vigoureux, souple et allant, tel qu'il est en ce moment, il est tout prêt à aborder avec fruit « l'école des aides » de notre règlement de cavalerie et aussi à apprendre à aimer le cheval.

De même que la légende dont j'ai parlé : « le barbe ne saute pas », celle de « l'Arabe cavalier » n'est rien moins qu'une sottise qui n'aurait jamais dû se répandre. Le pays qui se prête aux légendes, une répétition tenace qui évoque la réclame connue « enfoncez-vous bien çà dans la tête », les récits des voyageurs qui recherchent « l'effet » et la vaste crédulité humaine, ont donné à ces légendes un faux air de vérité. En réalité, leur plus grande valeur réside dans leur vertu de provoquer un rire irrésistible chez celui qui connaît les Arabes... Et quant à cette magique proposition « l'Arabe est un cavalier » on entend ajouter le complément habituel « et un homme de cheval accompli », alors, oh! alors, le rire « d'épigastrique devient abdominal » comme dirait Daudet...

Je sais bien que des documents cités par le général Descoins dans *L'équitation arabe. Ses principes. Sa pratique* tentent de prouver que l'Arabe nord-africain est un cavalier, que :

« Les Arabes avaient reconnu l'utilité d'un dressage méthodique et connaissaient les moyens les plus rationnels pour y procéder. » « Ils avaient la notion du cheval droit, celle de la légèreté. » Ils n'ignoraient pas la succession des buts à poursuivre : calme, en avant, droit et léger. « Ils connaissaient d'une manière très complète l'art de mettre le cheval en condition et de l'entraîner en vue des courses de vitesse et de fond très en honneur chez eux, « qu'ils avaient la notion de l'équilibre et des moyens de l'obtenir », que, « au début du dressage, il était fait usage d'un bridon à canons épais et sans articulation, dans le but de faire la commissure des lèvres. »

Le cavalier employait ensuite un bridon à canons articulés, analogue au nôtre, dans le but de placer la tête du cheval à la bonne hauteur. Enfin le cavalier en arrivait au travail en bride. « Ils pratiquaient aussi, paraît-il, le passage, les airs relevés, la courbette, etc., etc. (¹). »

Il y a, à mon avis, confusion.

D'abord ces ouvrages datent du xiv⁰ siècle et il est très utile de savoir et de ne pas oublier que *El Nacéri* a été écrit pour le sultan d'Égypte El Nacer par Abou Bekr-Ibn Bedr (Ibn ou ben Bedr) (²) et que ce fils de Bedr était un Arabe d'Arabie. Bedr étant une petite ville du Hedjaz située non loin de la Mer Rouge, sur la route de Médine à la Mecque. Ici, nous sommes en Afrique et les Arabes actuels des tribus dont je parle, anciens Numides, ne doivent avoir qu'un faible lien de parenté avec cet Abou Bekr, écuyer consommé.

Les descendants des Numides centaures qui montaient leurs chevaux « sans selle et sans frein » doivent avoir en équitation

---

(¹) J'ai eu la bonne fortune de pouvoir lire avant d'avoir achevé ce travail, dans la *Revue de Cavalerie* de mars-avril 1925, un article de M. Louis MERCIER, consul de France, à qui un séjour de plus de vingt ans en pays arabes, une connaissance approfondie des langues et dialectes de ces régions et une longue pratique de l'équitation confèrent une autorité toute particulière.

Ceci me permet de faire profiter le lecteur des renseignements très précieux contenus dans cet article (*La bride chez les Arabes*) :

« Plus dangereux encore est le traducteur cavalier, mais insuffisant en arabe, écrit M. Louis Mercier, car il fait dire au texte, sans le vouloir, des choses qui n'ont jamais été dans la pensée de l'auteur. Et c'est probablement en puisant dans une traduction de ce genre que l'éminent spécialiste auquel je pense a cru pouvoir affirmer que les Arabes emploient au dressage du poulain un mors brisé, véritable filet, avant de l'emboucher avec l'instrument que nous sommes convenus d'appeler mors arabe. En ce qui me concerne, après vingt ans d'observations sur le vif et de patientes recherches dans nombre de manuscrits arabe, je suis arrivé à une conclusion opposée, etc...

« Ces observations, il m'a été donné de les faire sous toutes les latitudes et parmi des milliers de cavaliers parfois. D'où je conclus que selon toutes probabilités, le mors de filet leur a toujours été inconnu; d'une part, les auteurs n'en font pas mention explicite et ne *décrivent aucun effet* de rêne directe; d'autre part, il n'en subsiste aucune trace, là ou les traditions arabes ont encore chance d'être observées dans leur pureté originelle. »

(²) « Ibn » ou « ben » : fils de...

bi n peu de commun avec ces cavaliers arabes, savants frères
d'Abou Bekr, Arabe d'Arabie.

Il y a Arabe d'Arabie et Arabe nord-africain.

M. Louis Mercier dont j'ai déjà parlé et qui est justement le
traducteur du livre précité de Ibn Hodeil (*La parure du cavalier
et l'insigne des preux*) écrit dans les Hippiatres arabes (¹) :

« De la lecture de cet exposé, il résulte nettement que les

Photo 23. — Extraite de l'article de M. L. Mercier dans le *Sport Universel Illustré*.

Arabes ont eu, avant le XVᵉ siècle, une méthode équestre et
un harnachement aussi rapprochés que possible des nôtres, quant
aux principes directeurs, et fort éloignés de la méthode — si
méthode il y a — et du harnachement des Nord-Africains actuels.

« Ils montaient encore sur selle à peu près plate jusqu'à la

______

(¹) *Sport Universel* du 30 janvier 1925.

fin du XIVe siècle. Ils étaient assis en selle, la jambe en avant, le talon plus bas que la pointe du pied, monte, on le voit, très différente de celle que nous voyons aujourd'hui pratiquée par les Magrébins. Les quelques vignettes qui accompagnent cet article et que j'extrais de *La Parure du cavalier* en donneront une idée (fig. 29). »

Quoi qu'il en soit, au XXe siècle, chez les Arabes d'Afrique, on ne trouve trace ni d'un semblant d'équitation, ni d'un principe quelconque de dressage; ces Arabes sont absolument incapables de se servir des instruments délicats qu'ils emploient avec indifférence.

J'expose ce qui existe et ce que sont en réalité les cavaliers arabes actuels de l'Afrique sans m'occuper de textes exhumés de la profondeur des siècles, textes d'ailleurs incapables de prouver que l'Arabe d'Afrique est un cavalier complet, ayant des connaissances étendues en équitation.

Ces textes ne montrent à mon sens qu'une chose : c'est que l'Arabe africain n'a pas appris le savoir de ses conquérants. Il a *tout à apprendre* en équitation arabe d'Arabie. Il en ignore le premier mot.

De même qu'ils sont venus en Afrique, les Arabes ont été en Espagne et nous trouvons là l'occasion de faire un rapprochement intéressant. Le fait que l'Arabe Ibn Hodeil surnommé El Andalousi a écrit, alors que les Arabes occupaient l'Espagne, un ouvrage traitant du cheval et de l'équitation [1] qui montre que « les Arabes avaient la notion de l'équilibre et des moyens de l'obtenir », ce fait, dis-je, ne peut prouver que les Espagnols sont des cavaliers et des maîtres en équitation arabe...

Les deux Arabes Ibn Bedr et Ibn Hodeil ne peuvent nous faire conclure que les Nord-Africains et les Espagnols sont des cavaliers consommés possédant depuis des siècles science et art équestre avancés. Je le regrette évidemment, mais la réalité vient prouver le contraire quant aux cavaliers arabes qui nous occupent à présent. C'est un fait.

---

[1] *La Parure des cavaliers et l'insigne des preux.*

Photo 30. — Cavaliers arabes d'Arabie.

Photo 30 *bis*. — Cavalier arabe nord-africain.

Photo 31. — Harnachement arabe d'Arabie.

Photo 32. — Harnachement arabe nord-africain.

En résumé, nous pouvons dégager de cet exposé que :

1° L'équitation des Arabes *d'Arabie* actuels, toujours basée sur l'assiette, n'a pas varié depuis le XIVᵉ siècle et se rapproche de la nôtre (Comparer fig. 29 et photo 30).

2° Équitation et harnachement des Nord-Africains actuels n'ont absolument rien de commun avec ceux des Arabes d'Arabie qui, *eux*, ont laissé les traités d'équitation ici mentionnés (Comparer photos 30, 30 *bis* , 31 et 32).

3° La proposition « l'équitation arabe et le harnachement arabe (nord-africains sous entendu) forment un tout » est radicalement fausse puisque de ces ouvrages sur l'équitation écrits par des Arabes d'Arabie « il résulte nettement que les Arabes ont eu, avant le XVᵉ siècle, une méthode équestre et un harnachement aussi rapprochés que possible des nôtres, quant aux principes directeurs, et fort éloignés de la méthode — si méthode il y a — et du harnachement des Nord-Africains actuels ».

4° *L'équitation arabe nord-africaine n'existe pas ;* dépourvue de toute trace de méthode, elle n'est véritablement qu'un ensemble de procédés empiriques et brutaux, irraisonnés et inconscients.

Avant de pénétrer dans le cœur du sujet, finissons-en avec la légende de l' « Arabe cavalier et homme de cheval accompli ». M. Giniéis, directeur de l'établissement d'élevage de Sidi Tabet, a écrit dans un *Recueil de Médecine vétérinaire* sur l'appréciation et l'élevage du cheval par les Arabes :

« Une des formes du mirage oriental représente l'Arabe comme un homme de cheval accompli. Or, l'Arabe, cavalier adroit mais violent, déroute toutes nos connaissances par sa façon d'apprécier, de soigner et d'utiliser le cheval. Dans le choix du cheval, il paraît accorder plus d'importance à la taille qu'à la conformation, considérer la longueur et la gracilité des membres comme des signes de vitesse et n'attacher aucune valeur à la présence des tares. Au début, il accable son nouveau cheval de soins raisonnés et le pare d'un riche harnachement; il le néglige bientôt d'une manière complète. Le harnais, jusque-là verni et bien rangé, reste sale, est jeté sur le sol de l'écurie ou sur la litière, se brise, se sépare en morceaux déchirés que relient des ficelles ou du fil de fer rouillé. Le cheval mal abrité, peu nourri, vit à l'aventure au gré des saisons. Son maître ne lui parle jamais, ne le caresse jamais, le frappe de sa cravache, lui laboure les flancs de son éperon ou des angles tranchants de son étrier, lui meurtrit la bouche avec un mors barbare, l'assied brutalement sur les jarrets, le surmène, l'utilise boiteux, l'utilise blessé, l'utilise malade, l'utilise mourant... sans égard, sans pitié, sans raison... »

J'ai plaisir à constater que je ne suis pas seul de mon avis et que je ne suis pas seul non plus à le dire.

Je n'ai jamais vu un Arabe caresser de lui-même un cheval; toujours j'ai été obligé de commander la caresse.

Je cède la parole à M. Giniéis :

« A part son habileté équestre, l'Arabe semble donc n'avoir aucune notion du cheval. »

J'ajouterai même que cette habileté équestre est plutôt due à sa selle où il trouve tout ce qu'il faut pour se cramponner et de laquelle le plus mauvais cavalier ne peut tomber.

« Pour apprécier le cheval — nous dit M. Giniéis, — l'Arabe examine la conformation, la robe, les épis. »

I. — *La conformation*. — D'après le général Daumas, les Arabes recherchent :

4 parties longues : l'encolure, les rayons supérieurs de l'avant-main, le ventre (du passage des sangles au flanc) et les hanches.

4 parties courtes : les oreilles, le rein, les paturons et la queue.

4 parties larges : le front, la poitrine, la croupe, les membres.

« Tout en respectant ces exigences qui dénotent une compréhension raisonnée des qualités plastiques du cheval, le Bédoin attache plus d'importance à d'autres facteurs pourtant secondaires; il demande la réunion de douze conditions essentielles qui se décomposent en 4 groupes formés chacun de 3 parties. Sa monture doit avoir :

1º 3 parties longues : *a)* l'encolure; *b)* le garrot, prolongé en arrière, assure l'équilibre et la stabilité de la selle; *c)* la lèvre inférieure. Cette particularité est fort disgracieuse, mais elle porte bonheur au propriétaire de l'animal.

« Longueur du garrot et longueur de la lèvre inférieure, dit un proverbe arabe, donnent toute facilité pour fuir l'ennemi. Ainsi conformé le cheval a le souffle puissant, du fond, de la vitesse et devient un talisman précieux pour la famille. »

2° 3 parties courtes : *a*) le dos et le rein, un dessus court indique un cheval trapu fort et bon sauteur; *b*) les paturons, leur brièveté est un indice de force; *c*) le tronçon de la queue : ce qui signifie un cheval ramassé et très rapide. Queue courte, queue de gazelle; queue longue, queue de bœuf, affirme le dicton arabe.

3° 3 parties larges : *a*) le poitrail. Sa largeur traduit l'écartement de la pointe des épaules, la force de la bête et l'ampleur de la poitrine; *b*) le passage des sangles dont le développement transversal commande une vaste capacité thoracique, le volume des poumons et par conséquent la résistance à la course; *c*) la croupe, qui doit être en même temps musclée et hanchue. Autrefois les cavaliers choisissaient des chevaux aux hanches tellement proéminentes qu'ils y « suspendaient leur outre pleine d'eau ». Encore faut-il que la saillie ne soit pas causée par la maigreur de la bête...

4° 3 parties rondes : l'amande de la joue (c'est-à-dire le plat de la joue et la ganache), le ventre, le sabot. Pour tous les professionnels le beau cheval possède un front large, plutôt plat que bombé, jamais creux, des yeux grands, ronds, bien ouverts à fleur de tête. Le chanfrein doit être légèrement tranchant et convexe « comme un bec d'oiseau »... jamais concave ni camus, car « la courbe du chanfrein se retrouve dans le dos... ». Les canons étroits d'un côté à l'autre, épais d'avant en arrière, aux tendons bien détachés, longs, mais toujours moins longs que l'avant-bras, ne « présenteront pas de veines sous-cutanées apparentes qui accumulent l'eau dans le bas et provoquent la formation des molettes ». « Les organes génitaux petits, réguliers, bien sortis, l'anus arrondi ne sera pas enfoncé entre les ischiums proéminents, sinon l'animal aspire et rejette l'air comme par la bouche ».

« II. — *Les robes.* — Dominé par son égoïsme féroce et son esprit superstitieux, l'Arabe ne donne pas seulement à certains détails une signification objective, il leur attribue une influence directe sur sa propre destinée.

« Les robes et les épis, par exemple, présentent plutôt des présages heureux ou funestes que des particularités signalétiques ou des indices de la valeur du cheval.

« Les chevaux bais, avec une pelote en tête, ont une résistance incomparable, tous sont bons. L'alezan est le cheval pur, il va comme le vent, il vole comme l'oiseau. Sa valeur augmente avec le brunissement de la robe. » L'alezan brûlé, légèrement panard, mérite qu'on lui mette des bracelets aux pieds comme aux femmes, « le gris est la fleur des chevaux ». Bien ou mal nourri, il marche toujours au gré de son maître. Le cheval noir porte malheur à la maison où s'arrête le cavalier qui le monte. Sur cent chevaux bais, disent les Arabes, tous sont bons; sur cent alezans un seul est mauvais; sur cent gris un seul est excellent.

III. — *Les épis*. — Bien plus que les robes et que les marques de la tête, du corps ou des membres, les épis exercent sur l'avenir du cheval, et principalement sur la destinée du propriétaire de l'animal, une influence inéluctable. Un vrai connaisseur rejette tout cheval qui porte un épis fâcheux. Nous avons vu souvent des acheteurs expérimentés refuser pour cette raison des chevaux bien conformés et préalablement choisis. « A quoi donnes-tu la préférence? demandais-je un jour à un professionnel de la smala des Souassis, à la conformation ou aux épis? — Aux épis, répondait-il. La conformation c'est comme un vase à parfums; les épis, c'est l'essence que tu y verses et que tu respires. Un très beau cheval avec un mauvais épi, je ne l'achèterai jamais... »

« D'après les Bédouins il y a les épis de la vitesse (nuque), l'épi du flanc (leur hauteur traduit la valeur du cheval), les épis abdominaux donnent des renseignements sur la longévité de l'animal et la fortune du propriétaire, les épis des boucles d'oreille, à la base de la conque auriculaire, assurent la fortune au propriétaire, l'épi du tombeau ouvert qui condamne le maître à une mort certaine. Aussi funeste que le tombeau ouvert, les pleureuses qui descendent le long des joues comme une traînée de larmes ou comme des égratignures dont les femmes sillonnent leur visage à l'occasion d'un décès, ils annoncent la mort prochaine du maître de la maison, etc... Épis qui annoncent que le propriétaire mangera des dattes à volonté, sera serré à la gorge par la misère, aura la poitrine traversée par une balle, la découverte imprévue d'un trésor caché, que le propriétaire du cheval est frénétiquement trompé par sa femme, etc...

« Des légendes fabuleuses donnent à leur croyance le prestige magique du merveilleux.

« Bien qu'ils semblent les négliger, les éleveurs arabes connaissent les tares et les maladies principales. La fourbure est guérie radicalement par une saignée aux ars; la pousse « qui est la « fourbure du poumon » se traite par un feu en raies sur la région précordiale; la gourme, le malade guérit sans traitement; tout au plus active-t-on la cure en mélangeant des coquilles d'œufs aux rations habituelles. Si le jetage manque, l'affection est grave et demande une thérapeutique énergique; on fait donc courir l'animal, on le pousse, on l'essouffle; quand il est couvert de sueur, on le ramène à l'écurie où on lui met une musette à demi pleine de cendres criblées et froides qu'il respire; les coliques, l'envie ou la colère les provoquent facilement; contre les diverses formes de coliques, on allume de la poudre de chasse et on brûle des excréments secs de poule à quelque distance des naseaux du malade, la vue soudaine de la flamme et l'aspiration des fumées guérissent le cheval. Contre les coliques de sable, les empiriques indigènes appliquent un feu en raies sur les reins, les flancs ou le ventre et administrent par les naseaux du beurre fondu suffisamment refroidi.

§ 2. — *L'équitation arabe dans les tribus.*

Salluste dans son *Jugurtha* nous apprend que les Numides conduisaient leurs chevaux « sans selle et sans frein ». Leurs successeurs actuels ont eu bien tort de laisser déchoir à peu près complètement cette science.

« A peu près complètement », car l'on voit assez souvent les Arabes monter chevaux ou mulets sans frein à toutes les allures;

assis très en arrière sur le sommet de la croupe. Je m'imagine que les Numides devaient monter ainsi.

Le cheval possède en effet « deux axes de mouvement », l'un situé vers le garrot, l'autre au sommet de la croupe; nous exploitons le premier mais les Arabes savent aussi utiliser le second.

L'équitation arabe, dans les tribus, diffère beaucoup de l'équitation qui devrait être pratiquée dans les régiments de cavalerie indigènes. Elle est d'ailleurs sensiblement plus logique dans sa conception et surtout moins dangereuse. En effet, le mors arabe étant un instrument très dur et toujours manié très brutalement par des mains ignorantes, indifférentes et dépourvues de tact, un fait important et gros de conséquences est que l'Arabe des tribus se sert d'habitude très peu de son mors. Il monte son cheval « dans le vide », se sert du mors comme d'un frein puissant. Ainsi employé, ce mors brutal est bien moins nocif qu'employé de la manière apprise aux Spahis dans les régiments indigènes où le mors arabe détourné, je crois, de son but originel, ne répond plus du tout à celui que l'on prétend atteindre.

L'extrême dureté du mors arabe implique la nécessité de s'en servir le moins possible et par intermittence, en cas de besoin, comme d'un « frein de secours ».

Ainsi que nous le verrons plus loin les prescriptions du *Manuel à l'usage des Gradés des Régiments de Spahis* ne tiennent pas compte de ce rapport — dureté du mors, s'en servir très peu — absolument nécessaire si l'on veut réduire au minimum les dangers afférents à l'emploi d'un mors trop dur.

Les vrais Arabes, les nomades d'Arabie, montent habituellement sans mors. « Ce harnachement simple (couverture de feutre et longe de laine correspondant à des chaînettes en laiton qui passent sur le chanfrein en manière de caveçon) est, selon toute probabilité, celui dont le Bédouin s'est toujours servi depuis qu'il a des chevaux, soit depuis le IVe siècle de notre ère environ. Et son équitation s'en peut logiquement déduire, c'est celle de tous les primitifs, réduite aux seuls moyens instinctifs et n'exigeant d'autre dressage préalable du cheval que de l'accoutumer dans sa prime jeunesse, douze mois pour la pouliche, dix-huit pour le poulain, à l'imposition du licol de la mirchaha et du poids d'un homme léger. Quant au cavalier, il n'apprend pas plus à monter à cheval qu'à marcher. » (M. Louis Mercier, *La bride chez les Arabes.*)

D'après ce que m'ont dit des camarades ayant vécu en Syrie, les Arabes nomades des confins du désert arabo-syrien (Amarats, Anézés, Sbahs) conduisent leurs chevaux au moyen d'un licol et d'une corde en poils de chameaux. A leur selle est accroché un mors dont ils ne se servent que pour le combat ou les fantasias. Aussi, leurs chevaux n'ont jamais l'encolure renversée; craignant peu la main, ils conservent à toutes les allures un port d'encolure naturel.

Mais restons en Afrique. L'Arabe des tribus se sert de son cheval pour aller au marché ou à la ville voisine; alors il marche le plus souvent au pas les rênes longues, il ne demande rien à son cheval et il est évident que dans ces conditions celui-ci souffre peu de l'instrument qu'il a dans la bouche. L'Arabe utilise très rarement le trot. Il galope à la chasse et, là encore, il monte « dans le vide » et se sert de son mors comme d'un frein; quand il veut ralentir ou arrêter son cheval, il donne un « coup de frein ».

Au début de son emploi, alors qu'il n'a pas encore les jarrets meurtris, le cheval, redoutant ce terrible mors, obéit souvent à une simple indication et d'autant mieux que son cavalier s'est moins servi du mors.

A la guerre ou à la chasse, étant donné le terrain rocailleux et coupé de profonds ravins sur lequel il évolue le plus souvent, il est nécessaire que l'Arabe puisse arrêter court sa monture. C'est, je crois, cette nécessité qui lui a fait adopter un mors très dur avec lequel il puisse arrêter rapidement et au besoin asseoir n'importe quel cheval. Nous verrons tout à l'heure que c'est une profonde erreur de croire qu'un mors très dur peut compenser, remplacer, exclure le dressage du cheval, et une erreur non moins grande de penser que plus le mors est dur plus on sera maître du cheval plus tard et mieux on le conduira.

« Lui (l'Arabe nord-africain) ne connaît que la formule « rênes sans jambes ou jambes sans rênes » qu'il applique d'ailleurs avec une très grande brutalité, toujours en surprise. Et s'il aventure un effet d'ensemble, c'est pour obtenir la cabrade ou quelque autre défense dans des conditions singulièrement compromettantes pour le bon équilibre de son cheval. Celui-ci, soumis à une main aussi capricieuse et flottante, armée d'un pareil instrument de torture, ne cesse de trottiner, se traverser, encenser, s'encapuchonner ou regarder les étoiles, fuyant son frein de toutes les manières. » (M. Louis Mercier, *La bride chez les Arabes.*)

Mais c'est surtout dans les « fantasias » et autres jeux aussi peu cavaliers que l'Arabe fait un abus funeste du mors.

Les « fantasias » sont des sortes de jeux que les Arabes exécutent dans leurs réjouissances. Ils consistent à s'élancer de toute la vitesse de son cheval, à revenir sur ses pas ou à s'arrêter tout court, puis à tourbillonner avec de grands cris en déchargeant ses armes ou à lancer celles-ci en l'air pour les rattraper au galop. On conçoit sans effort ce que devient le pauvre cheval au milieu du déchaînement de ces excentricités démoniaques (photos 33 et 34).

Parmi les jolis tableaux fortement colorés faits par M. Benjamin Gastineau dans son livre *La France en Afrique*, j'extrais quelques descriptions de jeux arabes et de fantasias.

« Qui n'a vu des levrettes lancées dans une plaine sur un lièvre, qui n'a pas fait sortir du gîte un cerf effrayé ne peut se faire une idée de la vélocité de ces petits chevaux arabes qui se ramassent sur eux-mêmes et se détendent avec une fougue furieuse, le sol s'enflamme sous leurs pas, leurs crinières flottent en désordre et se mêlent aux draperies de leurs cavaliers. Les concurrents se suivent également, se mesurent et se pressent jusqu'à la moitié de la course, mais alors deux coureurs plus agiles se détachent du gros de la troupe et bientôt l'un d'eux franchit d'un bond de tigre le dernier espace qui le séparait du trophée, mais, à peine arrivé il tombe à terre et roule ensanglanté, l'Arabe lui avait enfoncé ses longs éperons dans le flanc.

« La véritable fantasia commence, la fougue africaine se

Photo 33. — Une fantasia.

Photo 34. — Une fantasia.

donne libre carrière. Deux cavaliers se détachent des tribus et traversent au galop le champ de courses en faisant tournoyer au-dessus de leurs têtes leurs longs fusils qu'ils jettent en l'air et qu'ils reçoivent droits, en habiles jongleurs ; puis se dressant de toute leur hauteur sur leurs étriers, ils placent la crosse de leur arme sous leur aisselle et ajustent leur ennemi pendant cinq ou dix minutes avec une précision admirable, sans paraître le moins du monde gênés par la course furibonde de leurs chevaux qui s'animent étrangement aux cris de leurs maîtres en bondissant comme des gazelles. Ces deux éclaireurs sont suivis de trois, de quatre, de huit puis de dix autres. Enfin les tribus entières s'ébranlent, tournoient comme une trombe dans la plaine en répétant l'exercice des premiers cavaliers et faisant retentir l'air de nombreuses détonations. Aussitôt les armes chargées, les chevaux rompus à ce manège « et leurs barres aussi... » pivotent sur eux-mêmes et reviennent sur leurs pas avec la même rapidité pour recommencer une nouvelle charge guerrière. Quelle rage anime ces Africains ! Quelle sauvage fureur ! Comme ils se précipitent sur l'ennemi ! Comme ils manœuvrent à leur aise sur leurs chevaux rapides ! La lutte les exalte. Ils chargent au milieu d'une ronde infernale en jetant des cris aigus, assourdissants... »

Je recommande d'examiner avec un peu d'attention les photographies représentant des fantasias, un de ces jeux équestres auxquels se livrent les Arabes... Les attitudes, les gestes douloureux de l'encolure, de la tête, de la mâchoire et des postérieurs sont expressifs. Ils montrent bien (la photographie parle mieux qu'un texte) combien sont à leur aise ces pauvres malheureux chevaux, que la main du cavalier est bonne et peu dur le mors arabe...

Toutes ces pauvres bouches béantes et tordues indiquent-elles, parce qu'elles sont ouvertes, une quelconque souplesse de la mâchoire??? Une décontraction confiante??? Elles attestent le contraire, elles crient qu'elles souffrent et que leurs palais sont meurtris.

Comme beaucoup d'autres photographies placées dans cet ouvrage, celles-ci donnent une idée réelle des bienfaits et des qualités particulières du mors arabe « beaucoup moins dur qu'on se l'imagine généralement ». J'en rappelle quelques-unes ici (il est curieux de les lire en regardant ces photographies).

« Il incite automatiquement le cheval à décontracter sa mâchoire. Cette décontraction obtenue, le mors agissant uniquement de haut en bas amène le cheval à fléchir la tête sur la partie antérieure de l'encolure. »

Les cavaliers arabes abusent encore du mors dans les différentes fêtes données à l'occasion des visites, des mariages, etc... Dans ces fêtes comme dans les fantasias, l'Arabe se soucie peu de malmener et de martyriser son cheval; ce qu'il cherche avant tout, c'est d'être admiré, remarqué. A coups de mors ils font cabrer leurs chevaux, les saignent pour qu'ils paraissent fougueux, les font bondir, ruer à grand renfort de « coups de sonnette » et d'éperons, dans le but unique de se faire remarquer, de passer pour d'extraordinaires cavaliers, d'attirer sur eux l'attention des femmes qui poussent pour les exciter davantage de gutturaux « you-yous »...

J'ai dit tout à l'heure : *dans les premiers temps* que le cheval est monté il obéit souvent à une simple indication du mors. Ceci n'est vrai, j'insiste, qu'à ce moment, alors que l'impulsion n'est pas encore détruite. Il en est tout autrement plus tard quand l'abus et la trop grande dureté du mors ont produit sur l'impulsion et sur les jarrets leurs désastreux effets; ce qui ne tarde guère. L'obéissance à une simple indication du mors peut durer plus longtemps chez quelques rares chevaux spécialement solides, bien conformés, de bonne composition, et si le cavalier ne se sert du mors que très peu et avec beaucoup de modération.

Malheureusement, ce n'est pas le cas général. Qu'adviendra-t-il donc le plus souvent? L'abus d'un mors trop dur aura vite fait de faire perdre au cheval confiance dans la main de son cavalier, le cheval poussé en avant sans être maintenu ne se livrera plus, trouvant sur la main une résistance qui le porte sur l'arrière-main, il perdra vite toute impulsion et deviendra inobéissant à l'action des jambes.

Quand le cheval en arrive à ce point, l'Arabe renforce ses

moyens d'impulsion et s'affuble d'éperons du genre de ceux décrits dans un précédent chapitre. De tels moyens d'impulsion ont pour conséquence inévitable un emploi du mors plus fréquent et plus violent, car le cavalier sera obligé de s'opposer par les rênes à l'effet produit par l'action trop énergique des jambes. « Il ne faudra pas longtemps dans ces conditions pour que, sa paresse aidant, le cheval ne réponde plus à une forte action des jambes que dans les limites restreintes qu'on lui assigne et on aura atrophié chez lui de gaîté de cœur la faculté précieuse de répondre aux demandes les plus légères. Il deviendra, suivant l'expression consacrée, « froid aux jambes » (Saint-Phalle).

Ainsi, le cheval envoyé trop brutalement en avant et reçu sur un mors trop dur manié sans précautions perdra inévitablement son impulsion. « L'arrière-main recevant une sujétion insupportable du fait de la dureté du mors et se trouvant surchargée en souffre et il est aisé de comprendre que plus l'arrière-main sera douloureuse, plus elle sera sensible à l'action du mors et qu'alors celui-ci aura besoin de moins de dureté pour agir. Ce ne sera pas par des embouchures dures que l'on parviendra à rétablir l'équilibre, car, plus on excitera la sensibilité de l'arrière-main plus aussi, pour se soulager, le cheval se portera en avant (^{1}). »

Si l'emploi brutal *d'un mors trop dur* est dangereux et nuisible, nous voyons donc aussi, comme on l'a déjà dit avant Baucher, « que l'éperon est un rasoir dans la main d'un singe ».

« Sur un cheval mal équilibré — dit Baucher — l'effet de l'éperon ne fait qu'augmenter les résistances du cheval, son abus a les plus graves inconvénients. »

Malgré la puissance des moyens d'impulsion que l'Arabe emploie pour remettre son cheval dans le mouvement en avant, le mors étant trop dur, ils deviennent tôt ou tard fatalement insuffisants et le cheval se met en arrière de la main et peu après en arrière des jambes.

Les jarrets devenant de plus en plus douloureux, « les ressorts

---

(^{1}) **Comte d'Aure.**

étant forcés sans avoir été assouplis », le mal ne peut faire que s'accentuer. « Quand les choses en sont là, elles ne peuvent qu'empirer, écrit Baucher, le cavalier, dégoûté bientôt de l'impuissance de ses efforts, rejetera la responsabilité de sa propre ignorance sur son cheval, il flétrira du nom de rosse un animal dont, avec plus de discernement et de science, il aurait pu faire une monture docile aux allures agréables. »

Le mors est ici, comme presque toujours d'ailleurs, la source des résistances, du mauvais équilibre et de leur conséquence.

Le colonel A. GERHARD, dans son *Traité des résistances du cheval*, dit qu'il existe une relation intime entre la puissance des éperons et celle du mors de bride. Or, étant donnée la faute initiale du mors arabe trop dur et les possibilités équestres des Arabes, pour rétablir l'équilibre, il faudrait augmenter tantôt la puissance des moyens d'impulsion, tantôt celle du mors selon que le cheval tenterait d'échapper à l'un ou à l'autre de ces moyens pour rétablir son équilibre compromis ou pour fuir la douleur.

Après s'être servi d'éperons fantastiques, il deviendrait nécessaire de les remplacer par deux poignards, puis par deux sabres au bout des talons, et puis... je ne vois plus que l'hélice ou le pétard de dynamite capables de déplacer le cheval franchement en avant...

Cette « lutte pour l'équilibre » me semble comparable à celle qu'entreprendrait quelqu'un qui voudrait équilibrer les deux plateaux d'une balance en mettant alternativement dans l'une et dans l'autre un poids supérieur à celui qui se trouve dans le plateau opposé; ce procédé pourrait continuer jusqu'à la fin, c'est-à-dire, dans l'exemple choisi, jusqu'à rupture du fléau sans que l'équilibre ait été atteint.

Cette espèce d'équitation instinctive qu'emploient les Arabes suffisait peut-être au temps du général Daumas, quand les chevaux étaient élevés avec une sorte de tendresse et mille gâteries... Peut-être, en ce temps-là, supportaient-ils mieux et plus allégrement la main dure de leurs cavaliers et les raies sanglantes de leurs éperons?... Je ne peux y croire.

« Ce contact de tous les jours de l'Arabe avec son cheval,

écrivait le général Daumas, prépare cette docilité que l'on a tant vantée, cette docilité qu'on admire chez tous les chevaux arabes. » Cette docilité de ces pauvres chevaux tenaillés entre les outils infernaux de ces cavaliers, n'était-elle pas plutôt en réalité une sombre résignation, un navrant abrutissement??? Pour moi, le doute n'est plus possible.

Les erreurs fondamentales de l'équitation arabe dans les tribus sont donc l'absence de dressage et la dureté du mors.

a) *L'absence du dressage.* — Les Arabes Nord-Africains actuels n'ont pas les connaissances que nous avons en équitation, ils n'en soupçonnent même pas le plus élémentaire des principes. Ils n'ont pas du tout assimilé science et qualités équestres de leurs conquérants. Ils sont tout à fait ces prétendus cavaliers de la nature, cavaliers innés, centaures ou autres, monstres fort laids qui peuvent arriver peut-être à routiner quelques chevaux, mais qui sont incapables d'en dresser. Ils sont parfaitement excusables de ne pas connaître l'utilité du dressage; ils ignorent que chez le cheval monté il ne peut exister d'allures naturelles, qu'elles deviennent artificielles du fait du poids du cavalier et surtout à cause de la répartition inégale de ce poids entre l'avant et l'arrière-main ([1]).

Cette rupture de l'équilibre naturel du cheval, du fait qu'il est monté, rend nécessaire un dressage ayant pour but de rétablir l'équilibre troublé par le poids du cavalier.

« Dresser un cheval, écrit Gustave Le Bon, c'est prolonger sa durée parce que cela réduit pour lui la somme d'effort dépensé. » Tous les hommes marchent, deux jambes les portent, cependant on fait une grande différence entre celui à qui l'art de la gymnastique a donné la science de s'en servir et celui qui n'a que la démarche grossière et naturelle. Il en est donc de même du cheval, il faut que l'art dénoue la nature engourdie en lui si l'on veut tirer un parti avantageux des membres qu'elle lui a donnés ([2]).

([1]) Les expériences du général Morris et de Baucher, faites en 1835, prouvent que le poids du cavalier est réparti les deux tiers environ sur l'avant-main, l'autre tiers sur l'arrière-main.

([2]) *Le nouveau Newcastle*, ouvrage imprimé en 1771 et généralement attribué au savant Bourgelat.

b) *La dureté du mors.* — Dans leur jugement simpliste, les Arabes ont commis la grave erreur de croire que plus le mors serait dur, plus il serait efficace. C'est une erreur analogue à celle des médecins qui emploient en permanence les remèdes les plus violents.

Il est bien prouvé « que les barres du cheval sont assez sensibles pour que le mors le plus doux soit suffisamment actif quand on n'a pas gâté la bouche du cheval ». Ainsi que je le disais tout à l'heure le mors est la source des résistances. C'est en vain que l'on se pend aux rênes et qu'on met dans la bouche du cheval un instrument d'une puissance barbare pour mieux le maîtriser.

Le mors des Arabes et la façon dont ils l'emploient éteignent donc fatalement l'impulsion quoi qu'ils puissent faire pour la provoquer à nouveau.

« Plus d'impulsion, plus de cheval », dit le général L'Hotte, et Saint-Phalle, dans son style imagé, compare le manque d'impulsion à l'effet que peut produire un gouvernail sur un bateau privé de mouvement en avant.

Gustave Le Bon, dans son livre : *L'équitation actuelle et ses principes*, cite deux peuples célèbres par leur habileté équestre : les Gauchos et les Arabes.

« Si les Arabes — dit-il — savaient placer la tête de leurs chevaux et n'abusaient pas quelquefois du mors, on pourrait certainement affirmer de leur équitation qu'elle est parfaite. »

Je trouve cette affirmation un peu rapide et subordonnée à bien des « si ». *Si* ils n'abusaient pas du mors, *si* ils savaient placer la tête de leurs chevaux (il faudrait pour cela qu'ils en comprennent d'abord l'utilité), et j'ajouterai : *si* ils dressaient leurs chevaux, *si* ils avaient tous les mains et le tact d'un bon écuyer, indispensables pour se servir sans danger de leurs mors, *si* ils avaient aussi le moindre sentiment du cheval, *si* ils aimaient le cheval; alors, alors en effet, peut-être, leur équitation *pourrait paraître* parfaite. Cette phrase me fait penser au dicton connu : « Avec des « si » on pourrait mettre Paris dans une bouteille ».

CHAPITRE III

L'ÉQUITATION ARABE DANS LES RÉGIMENTS DE SPAHIS

> « Quand on fait des règlements, il
> est dangereux de conclure de la pos-
> sibilité à l'acte et du particulier au
> général » (PORTALIS).

§ 1. *Ce qu'elle est.* — Le cavalier d'aujourd'hui n'est pas ce qu'il était autrefois. Aujourd'hui plus que jamais instruction équestre et dressage du cheval sont nécessaires. Les « bonnes raisons » pour une instruction restreinte. — **§ 2. *Ce qu'elle devrait être d'après le « Manuel à l'usage des gradés des Régiments de Spahis ».*** — Examen critique de ce règlement. — **§ 3. *Ce qu'il faudrait qu'elle soit.*** — Avec le mors arabe il faut pratiquer une équitation arabe.

§ 1. — *Ce qu'elle est.*

Chausser le burnous rouge ne confère pas à l'Arabe (pas plus qu'à l'Européen d'ailleurs...) les qualités équestres peu communes nécessaires pour se servir convenablement du mors arabe.

Le cavalier d'aujourd'hui n'est pas ce qu'il était autrefois. Tout le monde le dit, le sait. L'instruction doit être adaptée à cette réalité présente. Les données du problème-instruction étant changées, il est nécessaire de travailler différemment.

Autrefois, les Régiments de Spahis étaient composés uniquement d'engagés volontaires. Ces engagés indigènes arrivaient au Régiment avec leurs chevaux qui restaient leur propriété; tous étaient des cavaliers familiarisés avec le cheval qu'ils montaient dès leur plus jeune âge.

A cette époque l'élevage était florissant et l'on pouvait dire, alors, que presque tous les Arabes étaient des cavaliers, ou plus exactement, des gens qui montaient beaucoup à cheval...

Plus tard, les jeunes Bédoins qui venaient s'engager dans les Régiments de Spahis étaient présentés au Colonel et j'ai bien souvent entendu dire que le Colonel ne les acceptait que s'ils avaient la peau du cou-de-pied durcie par l'étrier. Ils portaient ainsi toujours sur eux leur « brevet de spécialité de cavalier ».

Que les temps ont changé! Il n'en est plus ainsi. D'abord, les Arabes ne montent plus à cheval comme autrefois; ensuite, à l'heure actuelle, les Régiments de Spahis ne sont plus uniquement composés d'engagés volontaires; ils comprennent au contraire une très grande majorité d'appelés.

« Aucune comparaison ne peut être faite entre le spahi cavalier de métier et le cavalier de circonstance que nous donnera le service de dix-huit mois » écrit le Général Descoins dans un article paru dans une *Revue de Cavalerie*.

Si autrefois on pouvait se dispenser (dans une certaine mesure encore...) de faire de l'instruction équestre et du dressage de chevaux, si on pouvait se permettre de partir en campagne avec des « bleus », vouloir continuer de tels procédés sous prétexte que « ça se faisait », comme je l'ai quelquefois entendu dire, serait une erreur impardonnable.

Instruction équestre et dressage du cheval ne peuvent donc plus rester ce qu'ils étaient autrefois.

Cette nécessité d'une instruction équestre et du dressage des chevaux a été exposée par le Général Descoins dans son rapport au Général commandant la Cavalerie d'Algérie (¹). Elle se trouve encore accrue du fait de la dureté du mors arabe.

A défaut de bonnes, de nombreuses raisons sont parfois fournies en faveur d'une instruction restreinte; elles sont à peu près de cet ordre et de cette valeur :

« Les chevaux? Ils ont tous été montés avant d'arriver au Régiment, par conséquent, il n'y a pas besoin de faire du dressage (*sic*)... Les cavaliers? Ils sont tous déjà montés sur des chevaux, des mulets, des ânes ou des chameaux... ils savent tous tenir à cheval, et puis, tout le monde tient sur la selle arabe. Par conséquent, la bride, les éperons, tire dessus, rentre dedans, et en avant, ça marchera toujours... »

(¹) « Les régiments de spahis reçoivent aujourd'hui un contingent notable de cavaliers dont il faut faire entièrement l'instruction et de chevaux qu'il est nécessaire de dresser avant de les mettre en service » (*L'équitation arabe. Ses principes. Sa pratique*).

§ 2. — *Ce qu'elle devrait être d'après le* Manuel à l'usage des gradés des Régiments de spahis.

Ce règlement devrait être étudié non seulement par les gradés des Régiments de Spahis, mais encore et surtout par les officiers français qui débutent dans ces Régiments. Ils y trouveraient quantité d'enseignements indispensables pour éviter les nombreux « non-sens » que l'on voit se produire ; entre autres « l'abus en instruction du travail sans étriers qui est un non-sens dans une équitation dont la caractéristique est l'appui constant sur les étriers ; l'abus de la conduite à deux mains en bridon, ce qui a pour résultat de consacrer beaucoup de temps à apprendre au cavalier le contraire de ce qu'il devra faire lorsqu'il usera de la bride »... Le principe de la rêne tendue, des doigts fermés sur les rênes, etc...

Pas plus que je ne me permets de contester *qu'un très bon cavalier* peut arriver à la légèreté avec le mors arabe, je ne prétends qu'il y a une façon de s'en servir plus rationnelle que celle exposée dans le *Manuel à l'usage des gradés des Régiments de Spahis :* « Dans l'emploi du mors arabe il est particulièrement essentiel de céder aussitôt que le cheval cède. « Ouvrir les doigts dès que le cheval mobilise sa mâchoire ». « Si le cavalier ne cède pas à la moindre cession du cheval, la palette du mors maintient l'écartement des mâchoires et le cheval se contracte la bouche ouverte » (1).

Mais ce que je crois, c'est qu'en général le cavalier arabe n'a pas les qualités de main nécessaires pour appliquer avec précision, justesse, tact et finesse ces excellentes prescriptions. C'est là un des points les plus importants sur lesquels mon opinion diffère d'avec le règlement.

Quand je dis que je n'attribue pas à l'Arabe les qualités de main nécessaires pour qu'il puisse se servir sans danger de son mors (qualités si rares même chez nous...) je parle, bien entendu, en *général*.

Ce n'est pas en n'envisageant que les exceptions que l'on doit

---

(1) *L'équitation arabe. Ses principes. Sa pratique* (général Descoins).

formuler une règle. Les dérogations à une règle générale ne l'infirment pas ; elles en constatent au contraire l'existence puisque, sans règle, l'exception n'existerait pas. Or, je crois bien que je prends pour règle ce que le Règlement des Spahis semble en**vi**sager comme l'exception... Où est la règle et où est l'exception ? D'après mes observations, que j'affirme dépourvues de **parti** pris, d'après l'étude de la réalité et de nombreuses photographies prises un peu partout au hasard, sans aucun doute pour moi, l'exception, l'exception rare même, est le cavalier arabe capable du tact, de la légèreté, du doigté, de l'art et de la science nécessaires pour se bien servir de cet instrument délicat entre tous.

Si j'osais, je soupçonnerais bien un peu le *Manuel à l'usage des gradés des Régiments de Spahis* de situer l'exception là où je la place moi-même. « Ces attitudes essentiellement défectueuses, dit-il (encolure verticale, tête horizontale, mâchoire contractée) dont on ne voit *que de trop fréquents exemples*, rendent le cheval impossible à manier et l'usent prématurément. Elles dénotent d'une façon caractéristique la dureté de la main du cavalier et l'inexpérience de celui-ci »...

Nous allons à présent examiner ce règlement avec attention.

Le *Manuel à l'usage des gradés des Régiments de Spahis* comprend cinq parties :

1re partie. — Généralités. L'instructeur. Le cavalier indigène. Le cheval barbe. Le harnachement arabe. Des moyens équestres du cavalier arabe. De la position du cavalier en selle arabe.

2e partie. — Équitation. Méthode d'instruction des recrues.

3e partie. — École du cavalier à cheval.

4e partie. — Perfectionnement de l'équitation des gradés.

5e partie. — Dressage du cheval.

Je ne détaillerai pas chacune de ces parties, je me bornerai à cueillir dans chacune d'elles les passages et les idées susceptibles de nous fournir des éléments d'appréciation et de conclusion.

PREMIÈRE PARTIE

a) *Des moyens équestres du cavalier arabe.* — « Des explications données précédemment sur le mors arabe, il résulte que si l'on suppose le cavalier monté, en marche sur une ligne droite, une action simultanée sur les deux rênes du mors *bien employé sur un cheval dressé* produira la mobilité de la mâchoire et la flexibilité de la tête au bout d'une encolure affaissée. »

J'ai déjà parlé de cette simili-souplesse de mâchoire, je n'y reviendrai pas. A quelques exceptions près, le cheval arabe dressé et le cavalier arabe capable de bien employer ce mors sont pleins de qualités, mais malheureusement ils les gâtent par le même défaut que la jument du paladin Roland...

« L'affaissement de l'encolure n'est pas à condamner, au contraire, pour l'emploi du cheval arabe dont les jarrets coudés et souvent défectueux supporteraient généralement mal la surcharge qui résulterait pour eux de l'élévation de l'encolure. »

Cet affaissement de l'encolure, parfaitement réel d'ailleurs, prouve de façon très nette que le cheval est acculé et que ses jarrets sont ruinés; mais cette position d'encolure est-elle une qualité?

Tous les écuyers reconnaissent qu'il ne peut y avoir de cheval équilibré et facilement maniable qu'avec l'encolure relevée. On pourra me dire, évidemment, que je ne connais rien en équitation arabe, que je ne comprends pas le barbe... C'est commode... Mais, que voulez-vous, le cheval barbe est fait comme les autres; il a quatre pattes, le nez, la queue et le centre de gravité à la même place que les autres, et, comme les autres, je pense que le barbe ne peut être placé et convenablement équilibré qu'avec une tête fléchie *sur une encolure élevée*. « L'encolure basse, écrit très justement Gustave Le Bon, enseigne simplement au cheval à se soustraire aux exigences de son cavalier. »

L'encolure affaissée demeurera donc toujours et dans n'importe quelle sorte d'équitation une position défectueuse car elle indique que le cheval lutte contre le mors ou la main, contre la douleur ou contre un mauvais équilibre.

L'affaissement de l'encolure dégage évidemment les jarrets, mais d'abord, pourquoi les jarrets ont-ils besoin d'être dégagés? Parce qu'ils sont abîmés sans doute. Ne valait-il pas mieux ne pas les abîmer? Et qu'est-ce donc qui les a abîmés sinon ce mors auquel on s'ingénie à trouver toutes les qualités?... Mais c'est ainsi. On ne veut pas voir les dégâts qu'il commet et on lui attribue les qualités propres à les réparer...

Ce n'est pas dans ses effets qu'on attaque un mal, c'est dans sa cause.

Ainsi que j'ai eu l'occasion de le dire, cet affaissement de l'encolure, conséquence inévitable de l'acculement, est bien un effet du mors, mais de sa trop grande dureté. Ce mors trop dur nécessiterait, je le répète, pour que son emploi soit inoffensif, une main d'écuyer; seul en effet un écuyer peut, à la rigueur, se passer du filet.

Il est à remarquer d'ailleurs que l'encolure n'est complètement affaissée que lorsque le cavalier ne demande rien à son cheval, quand il a les rênes longues, en station, au pas, et quelquefois au galop avec quelques rares chevaux spécialement calmes, résistants, bien établis, qui sont arrivés à une indifférente placidité ou qui ne sont pas encore dressés tout à fait à l'équitation arabe...

Le cavalier arabe n'ayant aucun principe et aucune connaissance en équitation (j'ai eu tout le temps et toute les occasions pour m'en rendre compte d'une façon certaine) ne fait jamais un tourner, par exemple, sans agir avec son mors d'avant en arrière; résultat : l'action du mors étant en contradiction avec les jambes au lieu d'en être la conséquence, provoque forcément les résistances à la main. Ce n'est là qu'un exemple entre mille autres pareils. En supposant un cheval dressé, il sera de la sorte rétif avant quinze jours avec le cavalier arabe le meilleur, ou le moins mauvais...

Aussi, dès que le cavalier arabe veut se servir du mors et demander quelque chose à son cheval, fatalement, celui-ci, craignant le mors et cherchant à se soustraire à son action, porte au vent ou s'encapuchonne. Schématiquement, on peut représenter ces deux positions extrêmes comme l'indique la figure 35.

Le plus souvent le cheval arabe porte le nez au vent à cause de la position de main du cavalier arabe (fig. 36). Il tente de rapprocher le mors de l'endroit où se trouve la main du cavalier; il porte sa tête de B en B' en renversant son encolure, croyant

Fig. 85. — Le port au vent et l'encapuchonnement.

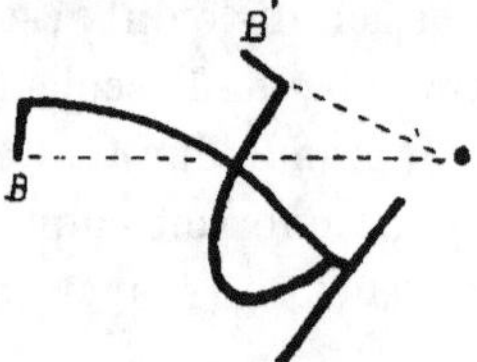

Fig. 86. — Effets du renversement de l'encolure
sur la distance qui sépare le mors de la main.

Fig. 87. — Encolure renversée. Pour tenter de rétablir l'équilibre,
le cheval pousse en avant la base de son encolure.

Photo 38. — Encolure renversée.

qu'ainsi les rênes seront moins tendues et pour diminuer aussi la puissance de levier du mors.

Il n'est plus possible au cheval ainsi placé, encolure renversée et tête horizontale, de baisser son encolure car chaque fois qu'il voudra le faire il rencontrera le mors. Si son cavalier lui rend des rênes, ou il baissera très prudemment la tête car il sait fort bien qu'ayant la tête basse le mors agit sur ses barres avec plus de puissance, ou il profitera de cette liberté inattendue pour tenter d'échapper à la main de son cavalier. A la moindre action du mors il remettra sa tête dans cette position horizontale.

C'est pour ces raisons que l'on voit peu de chevaux barbes s'encapuchonner, ils ont tous plutôt la position inverse qui procède d'ailleurs du même défaut.

Je disais tout à l'heure que l'encolure n'est complètement affaissée et ne peut dégager avec efficacité les jarrets que lorsque le cavalier ne demande rien au cheval.

J'insiste sur ce mot « complètement » car, chez le cheval portant au vent, *la partie inférieure de l'encolure demeure affaissée.* C'est un fait important qui, à ma connaissance, n'a jamais été mentionné nulle part.

Dans la position du cheval qui porte au vent, l'encolure ne se « casse » pas au garrot, aux dernières vertèbres cervicales comme on pourrait le croire, mais le plus en avant possible. Le cheval lutte contre les effets du raccourcissement de son balancier, il cherche à rétablir ainsi l'équilibre et à décharger ses jarrets trop comprimés. Dans le but de reporter du poids en avant il place son encolure non pas dans la position O A, mais dans la position O B, en refoulant le poids de son balancier en avant dans le sens indiqué par la flèche sur la figure 37 et photographie 38.

D'après le capitaine de Saint-Phalle le cheval peut avancer son centre de gravité de trois façons :

Il peut déplacer l'équilibre, faire passer en avant de son centre de gravité le poids nécessaire pour permettre le mouvement dans ce sens : soit en abaissant et en étendant l'encolure, soit en baissant l'encolure étendue et en marquant un glissement de toute la masse vers l'avant-main, soit en élevant l'encolure et en ne penchant en avant par le jeu des boulets et des jarrets que le reste du corps.

Pour préciser et compléter cette dernière façon, je crois qu'on pourrait dire :

En élevant la partie supérieure de l'encolure *et en affaissant* sa base, dans le but de jeter du poids en avant pour contrebalancer l'effet produit par l'élévation de la partie supérieure qui en reporte en arrière, à la façon de l'homme qui pour pouvoir se porter en avant en mettant le haut du corps en arrière est obligé d'avancer la ceinture.

Je ne crois pas que le « jeu des jarrets et des boulets » *seul*, sans déplacement préalable de l'équilibre vers l'avant, puisse provoquer le mouvement dans ce sens. Pour que le cheval qui a l'encolure renversée puisse avancer, il faut qu'il avance son centre de gravité; il le fait en affaissant, en comprimant, en écrasant la base de son encolure de façon à en refouler le poids vers l'avant. Ce déplacement du centre de gravité entraînera les épaules, les antérieurs, alors, pourront entrer en action pour étayer la masse et les jarrets en jeu pour la pousser.

Cet affaissement de l'encolure, dont parle le règlement décèle donc un mauvais équilibre du cheval, une mauvaise répartition du poids, l'acculement ayant pour conséquence finale des jarrets surchargés, forcés, ruinés, épuisés, rompus.

« Il n'en est pas moins vrai — dit le règlement — que l'attitude dont il s'agit » (il pourrait dire plus exactement : le mors dont il s'agit...) « prédispose le cheval à se mettre en arrière de la main et même en arrière des jambes si elle n'est pas compensée par une impulsion poussée à l'extrême.

« C'est ici que le reste du harnachement arabe intervient pour obliger le cavalier à corriger ce que l'effet de la bride pourrait avoir de défectueux. » « Les jambes *constamment au contact*, ne peuvent agir que pour pousser le cheval en avant » et plus loin : « Le cavalier dispose donc de moyens d'impulsion très puissants avec lesquels il n'a pas à craindre que le cheval se mette en arrière des jambes et à plus forte raison en arrière de la main. »

Ici, le *Manuel des Spahis* commet l'erreur que j'ai signalée dans le chapitre précédent, à savoir : la vaine course à l'équi-

libre par des moyens trop durs, qui rejettent trop violemment
de Charybde en Scylla une impulsion qui ne peut que sombrer
entre ces deux forces brutales.

En outre, d'après la position du cavalier arabe, les jambes
se trouvant « constamment au contact » des flancs du cheval
et agissant toujours ainsi à l'endroit où elles sont susceptibles
de produire leur maximum d'effet, le cavalier ne possède plus
aucune « réserve de commandement » pour contraindre le cheval
à l'obéissance. Dans ces conditions, celui-ci, sa paresse aidant,
deviendra vite froid aux jambes, blasé de l'éperon, et prendra
l'habitude de n'y plus céder. C'est le terme fatal et constaté
auquel ces instruments et cette équitation l'amènent tôt ou tard.

La certitude de cette inobéissance à la jambe est augmentée
encore du fait que le cheval ne trouve pas dans la main un appui
confiant pour l'impulsion qui lui est communiquée, mais au
contraire une souffrance qui fait rebondir cette impulsion en
arrière du centre de gravité. Ce qui provoque la surcharge, puis
la ruine des jarrets et l'extinction du moteur.

b) *Étude du mode d'action des aides.* — « Les jambes n'ont
qu'un but unique : produire l'impulsion.

« L'action d'une jambe isolée pour produire le déplacement
latéral de l'arrière-main n'est jamais employé dans l'équitation arabe. »

Je prie le lecteur de bien remarquer cette dernière phrase.
Nous verrons quelques pages plus loin que ce principe n'est pas
respecté.

Les rênes. — Après avoir indiqué les différents effets de rênes,
le Règlement poursuit : « Le cavalier doit éviter soigneusement
de porter la main en arrière en tirant également sur les deux
rênes. C'est un procédé que seuls, les cavaliers expérimentés »
(inexpérimentés sans doute) « emploient pour demander le ralentissement ou l'arrêt. Il a fatalement pour résultat de déséqui-
librer le cheval et par suite n'a pas sa place dans une équitation
rationnelle. » « Ils peuvent (les déplacements de main), lorsqu'un cavalier habile monte un cheval mis, se réduire à des
torsions ou des rotations du poignet. » « L'action des doigts sur
les rênes sollicite la flexion complète de la mâchoire et de la

partie antérieure de l'encolure dans le plan médian du cheval (mise en main). »

Sans employer le terme, le *Manuel à l'usage des Spahis* demande d'abord la main fixe; or, sans assiette il ne peut y avoir de main fixe et la fixité du cavalier arabe est un peu comparable à celle de l'œuf sur un jet d'eau ou d'une bille sur un tambour...

Au trot, le cavalier porte tout son poids sur les étriers, c'est l'articulation du genou qui supporte toutes les réactions, les fesses ne portent plus sur la selle et viennent « au besoin » s'appuyer légèrement sur la guédda (troussequin) (phot 39). Le corps est légèrement penché en avant. Le trot enlevé est rigoureusement interdit en selle arabe.

Au galop, c'est encore l'articulation du genou qui supporte toutes les réactions; le cavalier est debout sur les étriers et conserve toujours les jambes en arrière des sangles, le corps est penché en avant d'une façon plus accentuée (photo 40).

En poursuivant notre analyse, nous voyons que le *Manuel des Spahis* demande au cavalier arabe de conduire son cheval avec des « torsions » ou des « rotations » de poignet. Tout ceci, en effet, nécessite un cheval « mis », or, je n'hésite pas à déclarer qu'un cheval de troupe « mis » est un cheval mythe. Tout ce qui est demandé à ce cavalier arabe est beaucoup trop compliqué. L'indigène se soucie bien du cheval qu'il n'a jamais vu conduire qu'en tirant dessus et « en rentrant dedans »!...

Il est à remarquer aussi que le *Manuel des Spahis* demande la mise en main *par les rênes seules*. Cette « pression des doigts sur les rênes » qui doit solliciter la flexion de la mâchoire et de la partie antérieure de l'encolure » me semble avoir pour conséquence de rejeter du poids en arrière, de surcharger les jarrets, d'enlever au cheval tout perçant, de l'acculer. « La véritable équitation consiste à commander aux forces et non à les détruire. » (Comte d'Aure.) On obtient fatalement ainsi que le cheval se met, non sur la main, mais en arrière de la main et ce, d'autant plus vite que le cheval redoute un mors trop dur.

« Il faut que les rênes n'agissent que par l'effet de l'impulsion donnée par les jambes » dit Saint-Phalle; « de la sorte l'usage des rênes, loin de nuire à l'impulsion, en devient une conséquence,

Photo 39. — Cavalier au trot.

Photo 40. — Cavalier au galop.

en nécessite l'emploi, l'exerce et par conséquent la développe, il ne faut pas que le mors vienne sur le cheval mais que celui-ci soit envoyé sur le mors, un mors énergique ne ferait qu'aggraver sa résistance. » Cela demeurera toujours vrai dans n'importe quelle équitation fût-elle iroquoise ou mohegane...

Comme tous les écuyers, le comte d'Aure insiste pour que le cheval « soit *poussé* par les jambes et *maintenu* par le poids égal des rênes et l'appui du mors, il sera renfermé, captivé et entraîné de telle sorte qu'il ne pourra dévier de la ligne qui lui sera tracée par la main. »

Dans le *Manuel d'équitation et de dressage* sur lequel semble s'appuyer le *Manuel des Spahis* nous pouvons lire : « En équitation secondaire c'est principalement par le travail sur les lignes droites, par les allongements et les ralentissements d'allure qu'on amène le cheval à prendre cette attitude (le placer). *Les jambes jouent ici un rôle capital ; elles doivent toujours précéder l'action de la main* car la tête ne se ramène, l'encolure ne se fléchit que par *l'effet du mouvement en avant*. Une fois engagé dans l'impulsion le cheval rencontre la main ; celle-ci maintenue fixe et basse offre à la bouche un soutien moelleux qui restreint l'extension de l'encolure, fixe la tête et amène celle-ci à s'infléchir. »

Dans les ouvrages de tous les écuyers sans exception, on peut trouver confirmation de la remarque que je me suis permise.

Et le *Manuel des Spahis* de continuer : « Lorsque le cheval ne répond pas à cette action (action des rênes pour la mise en main), le cavalier doit discerner si le cheval est lourd parce qu'il a trop de poids sur l'avant-main (ce qu'on appelle une résistance de poids) ou s'il tire parce qu'il est trop ardent (ce qu'on appelle une résistance de forces). Dans le premier cas il faut faire passer du poids d'avant en arrière sans changer l'allure et surtout sans altérer l'impulsion. Ce résultat sera obtenu par des demi-arrêts. Après avoir fait un demi-arrêt, le cavalier redemande la cession de la mâchoire par la pression moelleuse des doigts, etc... Dans le second cas, le cavalier opère une série de pressions légères se succédant à intervalles très courts. Cette action porte le nom de « vibrations ».

On lui demande beaucoup de discernement à ce cavalier qui, ne l'oublions pas, est Arabe.

Puis, le *Manuel des Spahis* passe à l'accord des aides et recommande, comme le Règlement provisoire de la Cavalerie, le principe « mains sans jambes et jambes sans mains ».

DEUXIÈME PARTIE — ÉQUITATION

« Si certains procédés d'équitation et de dressage employés jadis en Europe ont été abandonnés et remplacés par d'autres, cela tient beaucoup à ce que le modèle du cheval de selle s'est modifié. Les méthodes d'équitation se sont transformées pour se mettre en harmonie avec le modèle du cheval. Il ne faut donc pas s'étonner si certains procédés, qui donnent d'excellents résultats avec les chevaux arabes, en donnent de moins bons sur des chevaux d'une autre race et inversement. »

Malgré des observations nombreuses et attentives, je n'ai jamais vu que les moyens spéciaux employés avec les chevaux barbes aient donné « d'excellents résultats »; j'ai toujours constaté qu'ils étaient déplorables. Quant au modèle du cheval barbe, je ne vois pas qu'il diffère de celui des autres chevaux au point de motiver une équitation et des procédés particuliers... Si, cependant, il existe bien une différence entre le cheval barbe et les autres chevaux : il est bien plus doux et naturellement plus docile. Est-ce là une raison pour le monter avec des instruments plus durs que ceux employés avec les chevaux des autres races ?

Dans cette deuxième partie, le *Manuel des Spahis* affirme « qu'il est infiniment plus facile d'apprendre à monter à cheval avec le harnachement arabe qu'avec le harnachement français », et il cite un passage du livre du Général Daumas : *Les chevaux du Sahara et les mœurs du désert* : « Les Arabes acquièrent très promptement la tenue et la confiance à cheval tandis qu'il nous faut plusieurs années pour obtenir un médiocre cavalier. Nos hommes sont pourtant vigoureux et bien constitués. D'où peut donc provenir un tel état d'infériorité ? Suivant moi, de notre harnachement qui veut des bassins larges, des reins souples, des conformations privilégiées, en un mot, quand le leur convient à tous les bassins, à tous les reins, à tous les ventres, à toutes les cuisses inimaginables, sert aux vieillards comme aux jeunes gens et obtient de tous ce que nous ne saurions exiger que d'un petit nombre. »

Évidemment, on est plus solide en selle arabe qu'en selle française, on peut s'accrocher facilement au pommeau ou au troussequin élevés... Si le harnachement arabe ne comprenait que la selle tout serait parfait, mais il comprend aussi, il comprend surtout, je peux dire, le mors, ce dur mors avec lequel il est infiniment plus difficile d'apprendre à monter à cheval. Si donc la selle arabe « convient à tous les ventres », ce mors ne convient pas à toutes les mains et *a fortiori* aux mains des prétendus cavaliers arabes.

TROISIÈME PARTIE. — ÉCOLE DU CAVALIER A CHEVAL

Dans le *Manuel des Spahis*, l'école du cavalier à cheval comprend quatre parties : Travail préparatoire; Travail en bridon; Travail en bride; Travail en armes.

Je me bornerai à indiquer ici quelques différences qui existent entre les deux règlements.

a) *Travail en bridon*. — Pour arrêter ou ralentir le cheval, le Règlement des Spahis dit : « Jambes en surveillance; action des doigts (éventuellement de la main) sur les rênes. Si le cheval s'appuie sur le mors à l'arrêt, élever progressivement la main, les jambes toujours en surveillance prêtes à intervenir si le cheval essaie de reculer. »

Et ceci doit être appris à des cavaliers indigènes !!! Je doute qu'ils soient susceptibles du tact et de la compréhension équestre suffisants pour avoir les « jambes en surveillance », pour « élever moelleusement et légèrement la main, les jambes toujours en surveillance »...

L'instructeur, qui parle plus ou moins bien l'arabe et souvent même qui ne le parle pas du tout, arrivera-t-il, en se servant d'interprètes à faire *sentir* ces nuances à ces « cavaliers de la nature »?... Le Réglement provisoire de la Cavalerie perd moins de vue qu'il fait de l'équitation élémentaire, et, bien que s'adressant à des cavaliers français capables d'une autre compréhension et ayant des instructeurs parlant la même langue qu'eux il dit simplement : « Arrêtez : S'asseoir en se grandissant du haut du corps et agir par rênes directes jusqu'à ce que le cheval soit arrêté. » Ainsi, il est certain que le principe *fondamental* de conduite : « jambes sans mains et mains sans jambes » sera respecté, que les indications, nettes dans la tête du cavalier, arriveront nettes au cheval.

On me répondra évidemment que le mors n'est pas le même, que la crainte de l'acculement dicte ces préceptes au *Manuel des Spahis;* tout cela est fort bien et très juste, mais le fait de mettre un mors très dur dans la bouche du cheval ne donne pas plus de tact au cavalier qui s'en sert.

« Au galop, dit le *Manuel des Spahis,* le contact avec la bouche du cheval est conservé. »

Si le cheval fixe son balancier au trot, au pas et au galop, au contraire, il a besoin de le mobiliser; « il étend et ramène alternativement son balancier pour jeter son centre de gravité en avant ou le faire refluer en arrière » ([1]), or, étant donné la position de la main du cavalier en selle arabe (au-dessus du pommeau élevé), la main est très éloignée de l'axe de suspension du pendule représenté par l'encolure. Si les rênes sont ajustées, le cavalier est obligé de faire de très grands déplacements de mains pour garder le contact avec la bouche du cheval. Plus la main est basse et rapprochée de cet axe d'oscillation de l'encolure, moins elle a besoin de se déplacer pour conserver ce contact.

Ce fait est bien connu de tous les cavaliers qui sautent; plus la main est basse, moins le cavalier est obligé de rendre des rênes sur l'obstacle.

Connaissant l'assiette du cavalier arabe, le mors dont il se sert et la crainte que le cheval en a, il est facile de se représenter le contact qui peut exister au galop entre la main haute du cavalier arabe et la bouche meurtrie de son pauvre cheval...

Au galop, si le cavalier arabe laisse la main à sa place régle-

---

([1]) (Jacoulet)

mentaire (au-dessus du kerbouss-pommeau élevé), il lui est impossible de conserver le contact avec la bouche *d'un cheval placé.*

Avec la position de main du cavalier arabe, le cheval peut galoper de trois manières différentes :

Les rênes sont longues et la possibilité de mobiliser son balancier est laissée au cheval.

Le cheval, pas habitué à cette liberté d'encolure, s'en servira timidement — s'il s'en sert — car il aura peur de rencontrer la main (et quelle main!) et de trouver le mors (et quel mors!) au bout de l'extension de son encolure.

Ou bien — c'est le cas général — le cheval renversera son encolure et mettra sa tête horizontale pour essayer de se soustraire à l'action du mors qui l'empêche de mobiliser son balancier. Il se contractera ainsi la bouche ouverte et accélèrera le plus souvent l'allure pour fuir la douleur des jarrets et tenter de rétablir l'équilibre tandis que le cavalier tirera sur ses rênes de plus en plus fort, comme il convient... pour tenir le cheval qui lui échappe, cette brute de cheval cabochard qui veut l'emballer!... Étant donné la position de la main du cavalier arabe, le cheval ne pourra plus baisser la tête et restera dans cette attitude pitoyable et souffreteuse que nous montrent sans voile les photographies contenues dans cet ouvrage.

Ou bien les rênes demeureront demi-tendues et le cavalier, bien heureux possesseur d'une « main tissée de soie » et d'une souplesse extraordinaire des coudes et des épaules, peut arriver — ô prodige! — à conserver avec la bouche du cheval un semblant de contact » (je dis « semblant de contact » car en réalité le cheval demeure dans le vide); ceci peut se rencontrer, mais exceptionnellement. L'encolure demeure malgré tout bloquée et immobile pour les raisons exposées ci-dessus; la tête reste loin de la verticale, le cheval encore gêné dans ses actions se tient seul; l'arrière-main semble surchargée, les jarrets comprimés; l'avant-main seule paraît avoir la possibilité de basculer; l'arrière-main ne peut quitter le sol que péniblement.

En regardant avec attention ma collection de photographies de chevaux bardes au galop montés par des Arabes, nous c

tatons qu'ils galopent le « galop avec base bipédale et base qua-
drupédale » décrit par Gustave Le Bon.

« Cette forme de galop, écrit-il, est celle d'un cheval très renfermé entre les aides avec prédominance de l'action du mors.
Elle diffère du galop en quatre temps ordinaire par la dispari-
tion des bases latérales et par l'intercalation d'une base bipédale
postérieure. C'est ce galop que représentaient les anciens écuyers
du temps de la Guérinière, et à ce point de vue on voit que leurs
représentations, contrairement à ce qu'on a soutenu, étaient fort
correctes, au moins pour la base bipédale » (Voir fig. 41). « Avec
les mors très brutaux dont on faisait alors usage, le cheval
était forcément conduit à cette forme de galop. » « Dans le
galop ordinaire, après le poser d'un postérieur (phase initiale
de toutes les formes possibles de galop) le cheval pose simultanément l'autre postérieur et un antérieur. Retardons le poser
de cet antérieur en agissant sur l'avant-main et nous avons
nécessairement une base bipédale. »

Ces bases bipédales postérieures qui indiquent la dureté, la
crainte du mors ou une action trop brutale de celui-ci, sont
nettement visibles dans beaucoup de photographies contenues
dans ce livre (Voir notamment photo 42).

Ainsi donc, dans tous les cas envisagés précédemment, le
cheval barbe étant au galop, si la main ne se rapproche pas du
centre d'oscillation de l'encolure, le résultat, à quelques degrés
près, est le même : le cheval ne se sert pas de son balancier qui
demeure paralysé par le mors ou par la crainte et il galope avec
une encolure entièrement contractée, figée, bloquée de partout.
L'arrière-main du cheval est écrasée; on a l'impression qu'elle
rampe (voir photos), l'avant-main seul bascule. Le cheval,
dans cette position, peine terriblement, tout le poids de sa masse
venant comprimer ses jarrets.

Que trouve-t-on au bout de cette impasse noire, œuvre du
mors arabe? Le triste acculement, la ruine des jarrets et la
ruine du cheval.

Si l'on veut se convaincre que le cheval restant à peu près
placé au galop est l'exception, c'est facile : il suffit de regarder
des photographies de cavaliers arabes au galop et de compter

Fig. 41. — Galop de la Guérinière.

Photo 42. — Galop avec base bipédale postérieure.

Photo 43. — Cavaliers arabes au galop le cheval de l'officier a la tête basse; il est en filet).

Photo 44. — Cavaliers arabes au galop.

combien de chevaux sont placés et paraissent avoir des allures aisées (photos 43 et 44).

Il est possible d'éviter cet écueil en faisant poser la main des cavaliers indigènes, quand ils galopent, en avant du *kerbouss* (pommeau) sur l'encolure du cheval; la main gêne moins ainsi les mouvements du balancier, elle est plus fixe et les chevaux plus calmes. Il serait à souhaiter que le *Manuel des Spahis* commande cette position de main pour le galop et à plus forte raison pour les sauts d'obstacles car je vous assure que le cavalier arabe doit aussi sauter avec ce mors...

« Étant de pied ferme, marcher au trot ou au galop et inversement, » demande le *Manuel des Spahis*.

Notre Règlement provisoire de la Cavalerie n'en parle pas; il est moins exigeant bien que ces mouvements soient davantage possibles et moins dangereux faits par des cavaliers français avec les moyens dont ils disposent. Qui connaît le cavalier et le mors arabes se rend compte de ce que peut devenir le cheval égaré au milieu de ces exigences : départs au galop de pied ferme et passages du galop à l'arrêt... Pauvres chevaux !... Pauvres jarrets !...

« Au commandement « reculer » agir avec les jambes — dit plus loin le *Manuel des Spahis* — pour mettre le cheval sur la main, puis porter le haut du corps en arrière en faisant sentir une action des rênes. »

Inutile de dire que le Règlement de Cavalerie se garde bien de parler d'action de jambes dans le reculer. « Agir par rênes directes » dit-il simplement pour ne pas produire de confusion chez le cavalier et maintenir intact dans son esprit le principe énoncé au début : « Jambes sans mains, mains sans jambes. » « En avant, allonger : des jambes. Ralentir, arrêter, reculer : des rênes. »

Une particularité du *Manuel des Spahis* est qu'il n'apprend les voltes, demi-voltes, demi-voltes renversées, ligne brisée, que dans le travail en bride; le Règlement de Cavalerie, au contraire, apprend ces figures de manège dans le travail en bridon et le travail en bride n'est que la répétition du travail en bridon. On aperçoit ici le souci de la progression méthodique et du ménagement du cheval. Il est plus logique, en effet, de faire l'apprentissage de la conduite du cheval avec l'instrument le plus doux pour rendre moins préjudiciables les fautes commises par les jeunes cavaliers au début de leur instruction.

b) *Travail en bride.* — Le « demi-tour sur place » est aussi enseigné dans le *Manuel des Spahis;* mais il est à remarquer qu'il prescrit pour l'exécution de ce mouvement : « Arrêter le cheval, porter la main et le poids du corps franchement à droite et agir en même temps *de la jambe droite pour rejeter les hanches à gauche.* » Or, 38 pages avant exactement, dans le chapitre concernant l'« étude du mode d'action des aides », ce règlement dit : « L'action d'une jambe isolée pour produire le déplacement latéral de l'arrière-main n'est jamais employée en équitation arabe »... Dans l'équitation supérieure également, le même règlement prescrit la marche sur deux pistes.

QUATRIÈME PARTIE

Elle traite du perfectionnement de l'équitation des sous-officiers et des officiers.

Quelques officiers indigènes qui ont du goût pour l'équitation et qui entreprennent de dresser leurs chevaux se rendent vite compte qu'il leur est impossible d'obtenir des résultats avec le mors arabe (la tâche serait ardue pour beaucoup de bons cavaliers) et ils arrivent vite à monter leurs chevaux en mors français ou en filet. Parmi ceux qui aiment le cheval et qui veulent travailler, beaucoup ne prennent le mors arabe que pour les revues et les prises d'armes; leurs chevaux n'en vont que mieux et s'usent moins vite. Tous ceux qui ont « lâché » le mors arabe se rendent compte de l'ineptie d'un tel instrument et ne le reprennent plus. Combien en ai-je entendu dire : « Mon cheval ne peut supporter le mors arabe, je le conduis bien mieux en simple filet, ainsi il ne se défend plus, il est soumis; mais dès que je lui remets le mors arabe je ne peux plus le tenir. » Ce n'est pas surprenant !...

Je citerai seulement dans cette partie du *Manuel des Spahis* quelques-uns de ses enseignements.

« Départ au galop à droite :

a) S'assurer que le cheval est léger sur la rêne droite. Le cas échéant déterminer cette légèreté ;

« *b*) Pression simultanée des deux jambes pour produire un surcroît d'impulsion;

« *c*) *Au moment où le cheval répond à l'action des jambes en se portant sur la main, celle-ci opère une sorte de demi-arrêt* en s'élevant un peu et *en se portant en arrière* et à gauche (direction de la rêne droite en avant du kerbouss); *si cette action ne détermine pas l'enlever au galop, la réitérer* à la cadence de la marche, en s'attachant à ce qu'elle se produise au moment du poser de l'antérieur gauche. On arrive même par le dressage à ce que le cheval possédant suffisamment d'impulsion, *l'action prélimi-naire des jambes devienne inutile : le cheval partira au galop à droite sur la seule indication de la main.* »

« Au moment où le cheval répond à l'action des jambes en se portant sur la main, celle-ci opère une sorte de demi-arrêt en se portant en arrière. » Voilà un procédé arabe pour partir au galop évidemment très spécial. Si j'étais cheval, j'entendrais excatement : « En avant-halte », ce qui est assez difficile à comprendre... Dans ces conditions, de ces deux commandements contradictoires, je choisirais celui qui me fatigue le moins, le dernier : je resterais sur place indifférent à des demandes aussi nébuleuses et je me dirais dans mon for intérieur d'animal : « Maître insensé ! Tu vas encore m'appeler bourrique et me saigner, mais que veux-tu que je fasse?... Quand tu me donneras des ordres clairs, nets, tout simplement compréhensibles, j'obéirai bien volontiers. En attendant, cause toujours, tu m'instruis... »

Au sujet de « cette action de rênes qui doit déterminer l'enlever au galop » (sorte de demi-arrêt, la main se portant en haut et en arrière) je dirai qu'en supposant qu'on puisse « enlever » le cheval avec les rênes ce n'est pas avec le mors arabe que le cheval sera doué de ce surcroît d'impulsion qui rendra inutile « l'action préliminaire des jambes » pour le départ au galop.

On peut très bien arriver par un dressage basé sur la loi des associations par contiguïté à arrêter le cheval au moyen des éperons au flanc ou de la cravache sur les oreilles ou ailleurs, ou bien encore... à se porter en avant quand on tire sur les rênes, mais est-ce à recommander? Dans toute équitation juste, les jambes seules provoquent ou augmentent l'impulsion ; les rênes la règlent mais ne doivent en aucun cas la provoquer.

Si le principe de base d'emploi des aides « En avant, des jambes, arrêter, des rênes » n'est pas respecté, avant peu, surtout entre de telles mains et de tels moyens, le cheval ne comprendra plus rien, s'acculera et deviendra rétif.

Cette manière de faire qui prend sur l'impulsion est à proscrire avec plus de rigueur encore en équitation arabe à cause de l'emploi d'un mors très dur.

« C'est également par l'effet de la main décrit ci-dessus qu'on obtient le changement de pied », ajoute le *Manuel des Spahis*.

CINQUIÈME PARTIE. — DRESSAGE

Le débourrage est supprimé. « Le jeune cheval arrivant dans un régiment présente, le plus souvent, la physionomie suivante : comme il a été monté soit avec un mors de mulet, soit avec un mors à canons plats, mal ajusté presque toujours à l'embouchure trop étroite et à gourmette coupante, ses barres, son palais et sa barbe ont été offensés en sorte que, craignant la main du cavalier, il refuse le contact du mors. Cela ne l'empêche pas de donner à l'allure du pas, une vitesse normale et même allongée car, à cette allure, le cavalier le mène avec les rênes complètement flottantes.

« Mais si, pour une raison quelconque, le cavalier veut se servir des rênes, le cheval caractérise immédiatement sa résistance en portant au vent et en contournant son encolure. »

En réalité, ce défaut ne fait que se confirmer au régiment car main et mors arabes sont parfaitement incapables de redonner confiance à ce pauvre malheureux cheval.

Cette présentation du *Manuel des Spahis* serait incomplète si j'omettais de signaler qu'il préconise les fantasias qui « méritent d'être largement encouragées au même titre que les courses militaires, les rallye-papers et les cross country ». « Un capitaine commandant avisé trouvera dans ces exercices sportifs un puissant moyen d'émulation et aussi une source de progrès sérieux pour ses meilleurs cavaliers. »

J'ai vu des chevaux de spahis qu'on était arrivé, avec quelque peine, à rendre calmes à l'obstacle, francs et droits devant eux; un entraînement aux fantasias fut un jour commencé : tir à cheval, demi-tours au galop et — ô merveille d'invention! — tir en sautant des obstacles!...

Pendant ces exercices, j'entendais dire que le cavalier lâchant ses rênes au-dessus de l'obstacle pour tirer son coup de fusil, ne gênait pas son cheval et que, par conséquent, ce travail était excellent pour le cavalier comme pour le cheval. Oui, mais hélas! s'il abandonnait ses rênes, le cavalier les reprenait aussi pour arrêter son cheval; celui-ci, impressionné d'entendre son cavalier... cracher du feu et trouvant une liberté à laquelle il n'était pas habitué, filait à tombeau ouvert après avoir sauté... On se représente le « coup de frein » que donnait le cavalier serrant... les dents et empêtré avec son mousqueton pour mettre un terme rapide à cette course à la mort...

Comme le cheval est aussi sensible aux fautes de main de son cavalier pendant le saut qu'après, ce que je prévoyais ne manqua pas d'arriver : après la troisième excitation semblable, la moitié des chevaux dérobait ou refusait l'obstacle; parmi eux se trouvaient des chevaux que je n'avais jamais vu refuser; l'autre moitié gagnait à la main avant ou après, prévoyant une violente douleur sur les barres puisqu'ils venaient de sauter, ou parce qu'ils allaient sauter. Seuls, quelques pauvres vieux chevaux devenus avec le temps et cette équitation comparables à des chevaux de bois, et de mauvais bois même, mélancoliques, insouciants, blasés, résignés, continuaient, tristement écœurés, leur misérable métier.

Je suis certain que l'on ne manquera pas de me dire que je n'ai jamais observé que de mauvais cavaliers, incapables, etc. A part quelques très très rares exceptions, c'est bien l'exacte vérité et, cependant, je peux dire en avoir vu plusieurs milliers des contrées les plus différentes, échelonnés de la dernière recrue arrivée au vieux spahi ayant dix et vingt ans de service; ceux-ci d'ailleurs, étaient aussi ignorants que ceux-là. Mais la source du mal n'est pas surtout le cavalier, c'est le mors. Tout ce qui pourra être imaginé pour contre-balancer ses funestes effets sera impuissant car il est certainement plus possible de correspondre avec la lune que de faire des écuyers de tous les cavaliers arabes.

Il est certain que beaucoup de cavaliers français ou indigènes estiment leur main très capable de manier avec avantage un instrument aussi dangereux. J'envie leur main précieuse et leur belle assurance et je suis étonné, vraiment, lorsque j'y pense, que l'Écuyer en chef n'ait ajouté encore le noir habit des « dieux » à leurs éperons d'or...

Que pourrait-on me dire encore? Que je ne connais rien en équitation arabe? Oui, c'est cela; et mon appareil photographique non plus... Il ne faut pas nous en vouloir...

Avant de terminer ce paragraphe, je crois nécessaire de rassembler les idées éparses dans cette partie de chapitre.

Il ressort très nettement de cette étude que le *Manuel des Spahis*, bien fait pour de très bons cavaliers, demande beaucoup trop et même l'impossible à des cavaliers qui demeureront toujours incapables de se servir de l'instrument qu'ils ont entre les mains autrement que d'une façon désastreuse.

Le *Manuel des Spahis* ne tient aucun compte des réalités et des possibilités équestres des Arabes quand il demande plus que le Règlement provisoire de la Cavalerie à des cavaliers susceptibles de moins de compréhension et de tact équestre que nos cavaliers de la Métropole.

La conséquence *certaine* de tout cela, c'est le cheval rétif et acculé.

Dans le Règlement de la Cavalerie, les principes clairement exposés sont respectés d'un bout à l'autre et intégralement maintenus avec une nette simplicité justement voulue. Il est regrettable qu'il n'en soit pas de même dans le *Manuel des Spahis*.

« Il n'est pas d'homme dont un bon instructeur ne puisse, avec du travail et de la méthode, arriver à faire un cavalier honorable. »

Pour que cette phrase du *Manuel des Spahis* reste toujours vraie, il est nécessaire d'y ajouter deux conditions : d'abord, employer des moyens qui soient à la portée, non du maître,

mais de l'élève ; ensuite que le maître ne s'aventure pas avec
des cavaliers indigènes dans ce réseau embrouillé de mille sub-
tilités (céder des doigts, pressions plus ou moins accentuées et
réitérées, demi-arrêts, vibrations, rotations ou torsions de poi-
gnets, jambes en surveillance, aides actives ou passives, et j'en
passe...).

Le cavalier arabe ne comprendra pas tout cela. Il s'empêtrera
dans ce réseau ; il essayera peut-être de faire ce que lui dit son
instructeur (surtout quand celui-ci le regardera) mais n'en saisis-
sant pas l'utilité, quand il sera livré à lui-même il reprendra « sa
manière » de monter, celle de ses pères, qu'il trouve suffisante.

Deux moyens se présentent pour tirer parti de cette équitation et du cavalier arabe : changer le mors, ou tenter de faire
un écuyer de ce cavalier. Entre ces deux solutions, je crois qu'il
n'est pas possible d'hésiter. L'outil et son emploi étant trop
délicats, la solution logique, puisqu'on ne peut changer la main,
est de changer l'outil.

Tous mes camarades cavaliers seraient heureux et trouveraient normal qu'un tel mors soit enlevé des mains de semblables cavaliers.

§ 3. — *Ce qu'il faudrait qu'elle soit.*

Que devrait être l'équitation arabe dans les Régiments ? Le
Manuel des Spahis y répond lui-même :

« La méthode d'instruction doit se rapprocher le plus possible
des moyens employés dans les tribus du Sud pour former un
cavalier. *Il convient donc de se garder soigneusement de les rebuter
par des exercices trop méthodiques dont ils ne comprendraient d'ailleurs pas l'objet.*

« L'indigène en tribu n'est donc, en aucune circonstance,
*astreint à des exercices méthodiques comme ceux qui se pratiquent
dans nos manèges et dont le but est d'apprendre* à monter à cheval ; il se sert du cheval dans un but déterminé et apprend à
monter à cheval par l'usage. »

« La méthode d'instruction à employer dans les escadrons
devra reposer sur des données analogues. »

Si l'on veut conserver le mors arabe malgré ses inconvénients et ses dangers, il faut que l'équitation arabe soit simple, très simple, infiniment plus simple que celle indiquée dans le *Manuel des Spahis*. Il serait à coup sûr moins ruineux pour les chevaux et pour l'État de ne pas détourner ce mors primitif de son but primitif et originel. Il faut chercher à perfectionner l'équitation instinctive des Arabes et non la compliquer.

Avec le mors arabe, il faut pratiquer une équitation arabe. C'est-à-dire monter le cheval dans le vide, le conduire rênes flottantes sans chercher le contact avec la bouche du cheval et se servir du mors le moins possible à la façon d'un frein puissant, comme s'en servent les indigènes des tribus du désert soustraits à la civilisation européenne.

On pourrait utilement dresser le cheval à l'obéissance à la voix ainsi que devaient le faire les Numides, en se servant de la voix avant d'agir avec le mors; par association d'idées, le cheval redoutant le mors deviendrait vite obéissant à ce moyen. Ce frein puissant deviendrait alors, ce qui serait encore mieux, « un frein de secours » dont les occasions d'intervention seraient réduites au minimum.

Avec le mors arabe il faut donc pratiquer une équitation arabe, sinon, c'est la ruine rapide et certaine du cheval. Pour le bonheur des chevaux, leur utilisation meilleure et plus longue, il faut supprimer toutes ces voltes, demi-tours sur place, départs au galop de pied ferme, etc., etc., et surtout les sauts d'obstacles qui ne devraient jamais être pratiqués avec le mors arabe qui rend ces exigences possibles seulement pour d'excellents et rares cavaliers (je ne parle pas des fantasias et autres excitations du même goût...). Je suis persuadé que tous mes camarades cavaliers qui ont vu sauter des spahis sont de cet avis.

Cette manière que j'indique pour tirer parti des moyens et des cavaliers arabes — pratiquer une équitation arabe — n'est qu'une demi-mesure qui est certes loin d'approcher du parfait mais elle présente l'avantage de ne pas changer les conceptions équestres ataviques de l'indigène; elle aurait aussi celui de ne pas user prématurément et de moins abrutir une belle race de chevaux...

Si l'on veut faire pratiquer par les Arabes une équitation française même élémentaire avec les instruments et les moyens qu'ils emploient, fatalement, le cheval renversera son encolure, s'acculera, perdra tout son perçant et deviendra rétif.

Ou bien, si l'on veut faire de l'équitation française avec les cavaliers arabes, il faut leur donner des instruments analogues à ceux qu'emploient les cavaliers français; ceci fait, au lieu de demander davantage aux indigènes, il faut leur demander moins et simplifier encore notre équitation élémentaire pour la mettre à leur portée.

Cette dernière solution paraît être la meilleure de tous les points de vue. Harnachement, équitation, règlement et instruction équestre uniques pour toute la cavalerie produiraient sans conteste de sérieux avantages que ces temps de mélange entre cavalerie métropolitaine et cavalerie indigène rendraient plus considérables encore. L'amalgame n'en serait que meilleur. Chaque année, de nombreux spahis sont envoyés en France dans les écoles et les remontes et de nombreux officiers qui connaissent très bien le règlement d'équitation métropolitain qu'ils n'auront pas à appliquer étant spahis et qui ignorent totalement le règlement spécial à la cavalerie indigène, sont versés à l'armée d'Afrique. L'instruction ne pourrait qu'y gagner en qualité et l'État en économie de chevaux.

L'expérience est faite d'ailleurs. Elle est concluante. J'ai eu un très grand plaisir à en constater les brillants résultats. A l'École de cavalerie, les spahis sont instruits en équitation française avec le harnachement français. Ils deviennent très vite de très bons cavaliers. Les aptitudes de cavalier, l'adresse naturelle que les Arabes possèdent font qu'ils se trouvent dans les meilleures conditions possibles pour recevoir avec un profit maximum la bonne instruction équestre française d'un règlement sanctionné par une expérience et par des résultats indiscutables et indiscutés.

Et du point de vue moral, psychologique même, sur lequel je ne veux pas m'étendre, croit-on que nous ne tirerions pas de cette solution de très appréciables avantages?

TROISIÈME PARTIE

CE QUE DEVIENT LE CHEVAL BARBE
AVEC LES PROCÉDÉS ET LES MÉTHODES EMPLOYÉS

CHAPITRE I

COMMENT ON LE TROUVE DANS LES RÉGIMENTS

§ 1. — *Sa silhouette.* — Aplombs, conséquences; l'encolure affaissée, le cheval barbe est acculé; l'acculement; le col ferme, le jarret coudé.

§ 2. — *Ses allures.* — Le cheval barbe est plus beau au repos qu'en action. Si le cavalier se sert du mors, l'arrière-main est écrasée. Les allures sont raides et gênées. — Conséquences de la raideur de la colonne vertébrale et de la mâchoire. — Les allures du cheval sous lui du devant et sous lui du derrière. — Les forces qui élèvent le centre de gravité sont l'élément le plus important de la dépense dans la locomotion animale. — Le cheval barbe au pas, au trot, au galop. — « Il y a des chevaux qui participent à l'acculement et à la surcharge des épaules »; à quoi tient cette apparente anomalie. — Le cheval barbe se débat entre deux douleurs.

§ 3. — *Ses défenses.* — Elles sont toutes conséquence de l'acculement et de jarrets douloureux. — L'équitation « dite arabe » qui interdit l'emploi d'une jambe isolée favorise encore l'acculement et les résistances. — L'encolure est un timon. — L'absence d'effet latéral du mors arabe et l'emploi unique en équitation arabe de la rêne contraire d'opposition pour conduire le cheval facilitent aussi les résistances.

§ 4. — *Son caractère.* — Les meilleurs chevaux deviennent rétifs.

Cette troisième partie — complément nécessaire des chapitres précédents — expose les conséquences des moyens, des procédés et des méthodes d'équitation que nous venons d'étudier.

Pour se rendre compte de ce que les faits relatés ici sont bien conformes à la réalité, point n'est besoin d'observations minutieuses, il suffit tout simplement d'ouvrir les yeux avec l'intention d'y voir.

Nous examinerons d'abord les aplombs du cheval barbe en station non monté, puis nous verrons successivement ce que sont devenues ses allures, son caractère et quelles sont les défenses qu'il emploie pour se soustraire aux effets du mors et aux exigences de son cavalier.

§ 1. — *Sa Silhouette.*

Les résultats d'observations faites sur 150 chevaux barbes pris au hasard dans un régiment de spahis sont les suivants :

108 chevaux ont une attitude se rapprochant de celle indiquée schématiquement par la figure 45 (figure exagérée à dessein).

5 chevaux ont des aplombs semblables à ceux indiqués par la figure 46.

1 seul cheval est placé comme le représente la figure 47.

36 chevaux possèdent des aplombs réguliers (fig. 48).

Je m'empresse de faire remarquer que parmi ces 36 chevaux se trouvent 16 jeunes chevaux de quatre et cinq ans ayant été encore peu montés; 6 qui sont le plus souvent montés en bridon ou en filet (chevaux de gradés ou de bât), les 14 chevaux restant qui présentent des aplombs réguliers (à peu près le onzième des chevaux observés) sont particulièrement bien établis, possèdent une belle encolure bien oblique et surtout un beau garrot bien sorti, bien musclé et très prolongé en arrière. J'ai remarqué en outre qu'un tiers environ de ces derniers sont légèrement ensellés.

Le mors arabe accentue donc la défectuosité des jarrets, d'habitude et à tort uniquement attribuée à l'hérédité. J'ai vu beaucoup de jeunes chevaux arriver au régiment avec des jarrets sains et bien dirigés.

Nous nous occuperons uniquement de l'attitude usuelle des chevaux barbes (72 % des chevaux observés) (photo 49 et fig. 45).

Ce rassembler, les extrémités des membres se rapprochant, est celui appris par Baucher *dans la première partie* de sa vie, celui partiqué par le général Faverot de Kerbrech et le capitaine Raab.

Ce rassembler avec l'encolure basse amène la fermeture de la plupart des angles articulaires; il fatigue énormément le cheval et provoque l'instabilité dans son équilibre, la base de sustentation se raccourcissant au détriment de la solidité.

Cette station rassemblée du cheval barbe est celle du cheval acculé, elle enlève au cheval tout perçant et décèle l'absence d'impulsion.

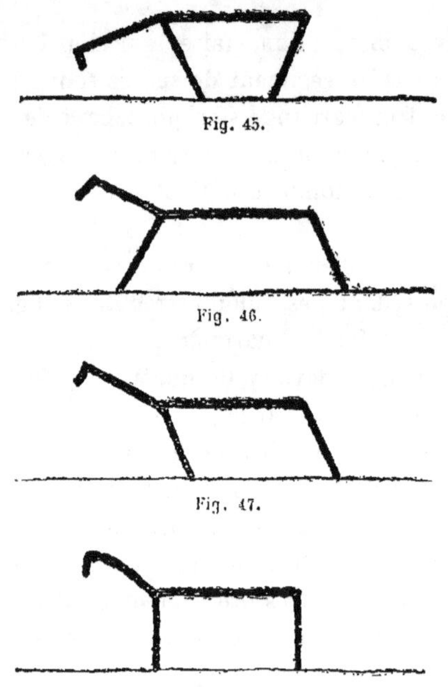

Fig. 45.

Fig. 46.

Fig. 47.

Fig. 48.

Schémas des différents aplombs du cheval (exagérés à dessein).

Les postérieurs étant rapprochés du centre de gravité, l'arrière-main est écrasée; la croupe semble souvent plus basse que le devant. L'encolure effondrée dénote aussi l'acculement, car si le cheval affaisse son encolure c'est pour rétablir l'équilibre compromis au détriment de l'arrière-main. On a l'impression très nette que si le cheval barbe ainsi placé relevait l'encolure sans éloigner les postérieurs du centre de gravité, le poids **qui** passerait sur l'arrière-main de ce fait provoquerait la station rassemblée du lapin jouant du tambour.

L'encolure affaissée est le propre des chevaux fatigués et usés dans leur arrière-main. « Le poids porté en avant se substitue, en quelque sorte, à la force qui fait défaut », dit le général L'Hotte, qui compare cette position à celle du vieillard qui se voûte et en arrive même à la nécessité d'étayer sa masse au moyen d'un bâton pour amoindrir l'effort nécessaire à la propulsion que ses jarrets doivent fournir.

Je rappelle ici, en passant, que chez le cheval barbe, qu'il soit en station non monté ou en action monté, cet affaissement d'encolure subsiste toujours totalement ou en partie. A cause de la position de main du cavalier arabe, le plus souvent, le cheval renverse son encolure au lieu de s'encapuchonner; dans les deux cas, il y a affaissement de la base de l'encolure. Plus le cheval barbe acculé portera au vent plus il sera contraint de tenir la tête haute et plus il s'efforcera d'affaisser la partie inférieure de son encolure en accentuant la courbure postérieure du chapelet des vertèbres cervicales pour porter en avant le plus de poids possible.

L'examen du cheval barbe montre donc sans aucun doute qu'il est acculé.

« Un cheval est acculé — écrit Baucher — toutes les fois que ses forces et son poids se trouvent refoulés sur la partie postérieure. L'acculement est le principe des défenses puisqu'il tend à prendre constamment sur l'action propre au mouvement, à reporter le centre de gravité en arrière et au delà du milieu du corps du cheval, à rejeter ainsi le poids du corps sur l'arrière-main. Le cheval n'est plus soumis momentanément à l'action des jambes, les forces se trouvent en arrière des jambes du cavalier. »

« Baucher a très bien défini l'acculement — écrit Gustave Le Bon — mais il ne sut pas montrer à ses élèves les moyens de l'éviter. Aussi sa méthode tomba-t-elle en France dans un complet discrédit. A la fin de sa vie, ce grand écuyer remédia à ce grave défaut par le relèvement de l'encolure, mais il était trop tard, le jugement porté resta définitif. Ainsi disposé — dit plus loin Gustave Le Bon — (station rassemblée par convergence des antérieurs et des postérieurs), l'avant-main et l'ar-

Photo 49. — Attitude caractéristique du cheval barbe.

rière-main se trouvent également équilibrés, mais cet équilibre est fort instable. Il peut être rompu aussi facilement au profit du mouvement en arrière qu'au profit du mouvement en avant. De toutes façons, la tendance à l'impulsion est annulée par suite de la concentration des forces vers le centre de gravité. Si les demandes du cavalier ne sont pas absolument justes, le cheval s'encapuchonne et s'accule. L'encapuchonnement lui est d'ailleurs rendu extrêmement facile par l'affaissement de son encolure. A moins d'une habileté supérieure de son cavalier, l'animal ainsi dressé a beaucoup perdu de son impulsion et de sa franchise et est très près d'être rétif. » Gustave Le Bon, dans son livre l'*Équitation actuelle et ses principes*, distingue deux acculements : l'un « qui arrive au reculer dès que cette position s'exagère, l'autre qu'il appelle « l'acculement psychologique » et qui est ainsi défini : « C'est celui de l'animal qui ne se porte plus en avant sous l'influence des jambes de son cavalier et se trouve par conséquent, entièrement soustrait à son action. Cette forme de l'acculement est la plus dangereuse. » Chez le cheval barbe, se trouvent ces deux acculements avec prédominence du second.

Avant de parler des jarrets du cheval barbe, je crois intéressant de citer quelques idées de Gustave Le Bon sur l'encolure.

« En dehors de son rôle au point de vue de l'équilibre, il paraît certain que l'encolure agit pour amortir les chocs sur les jarrets de l'animal. Elle peut être considérée en effet comme une charnière mobile qui lorsqu'elle fonctionne, décompose les chocs et ne les transmet qu'amortis par l'intermédiaire de la chaîne des vertèbres aux reins, puis aux jarrets supportant à un moment donné tout le poids du corps. Une encolure courte ou une encolure longue mais rigide, dont par conséquent le cheval ne se sert pas, *n'amortit rien et laisse arriver aux jarrets tous les chocs sans les atténuer. Quand le cheval ne sait pas se servir de son encolure ou quand le cavalier l'empêche de s'en servir, l'état de ses jarrets le montre clairement.* »

C'est tout à fait le cas du cheval barbe, le résultat des moyens arabes et de cette espèce d'équitation franco-arabe ou « dite arabe » pratiquée dans les régiments.

L'absence d'effet latéral du mors arabe offre le précieux avan-

tage de conserver au cheval le « col ferme »; cet avantage est à
considérer d'autant plus que si l'encolure affaissée du cheval
barbe était molle au garrot, il serait à peu près impossible de
le diriger. Ce « col ferme » facilitera beaucoup son redressage.

L'acculement du cheval barbe causé par l'emploi brutal d'un
mors trop dur, fait paraître ses jarrets coudés. Ils semblent
étranglés à la base, mais en réalité c'est parce qu'ils sont plus
larges qu'ils ne devraient à leur partie supérieure; la fermeture

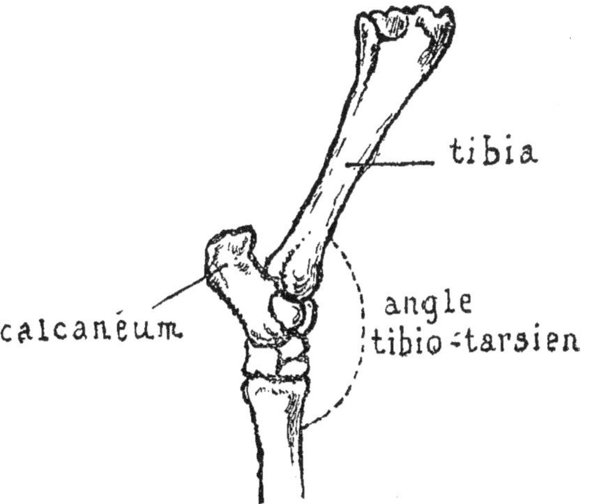

Fig. 50. — Squelette du jarret.

de l'angle tibio-tarsien, l'écartement du levier calcanéen du tibia,
la corde calcanéenne qui se trouve ainsi à une plus grande distance du tibia, sont cause de cette anomalie (fig. 50).

Sous le poids de la masse, le jarret tend alors à se fermer ce
qui augmente la fatigue de cette articulation, « aussi le jarret
coudé n'existe guère sans jarde et est fort menacé d'éparvin »
(Jacoulet).

La colonne de support étant oblique, le poids de la masse n'est
plus étayé par son assise osseuse comme dans la position verticale du membre, c'est l'appareil ligamenteux qui associe ensemble les os du tarse et du métatarse qui travaille le plus;
conséquence : usure et tares.

§ 2. — *Ses allures.*

Les allures défectueuses du cheval barbe sont la conséquence normale de ses aplombs irréguliers et de son mauvais équilibre.

Quand on examine les chevaux de spahis, on est frappé de voir combien ils sont plus beaux au repos qu'en action.

Lorsque le cavalier ne se sert pas du mors, l'avant-main du cheval se trouve chargé par la position affaissée de l'encolure et surchargé encore par le poids du cavalier surtout quand celui-ci penche le haut du corps en avant (position normale au trot et au galop), l'animal fatigue alors très vite des membres antérieurs.

Dès que le mors agit, sa dureté et son emploi brutal provoquent fatalement le retrait des forces en arrière et mènent à l'acculement. « C'est par des poids égaux qu'on maintient l'équilibre comme c'est par des poids différents qu'on fait pencher un objet plus d'un côté que de l'autre. ,Quand un corps quelconque sent une résistance vers un point, il cède en se portant du côté opposé » (Comte d'Aure).

Les allures du cheval barbe sont gênées, incertaines, raccourcies, répétées, elles semblent comprimées. Elles indiquent une grande raideur de toute la colonne vertébrale; encolure, rein, queue, sont figés; seuls les membres travaillent péniblement et sans souplesse. La colonne vertébrale est une barre presque inflexible « au lieu d'être un ressort à la fois souple et puissant entre les mains du cavalier, recevant du rein et de l'arrière-main une poussée vigoureuse réglée, à l'autre extrémité, par la flexibilité de la mâchoire, elle reste étrangère au travail de la locomotion laissant tout l'effort à produire aux membres postérieurs » (*Baucher et l'équitation d'extérieur*, par BOISGILBERT).

Comme chez tous les chevaux insuffisamment dressés, les articulations du cou aux dernières vertèbres cervicales et celles de la mâchoire sont raides. « Si le cheval a bon caractère, il n'y a que moitié mal — ai-je lu quelque part — mais s'il est ombrageux, le cavalier n'est plus maître du cheval car le cavalier n'a aucun moyen d'action fourni par le dressage; il est dans la situation du pilote dont le bateau n'obéit que faiblement par temps calme et pas du tout par temps orageux. »

Les mouvements du cheval barbe en action sont moins allongés du fait que « les antérieurs à l'appui sont plus près de leur lever ce qui contraint le membre au soutien à précipiter son poser ». Les enjambées deviennent également plus petites, « les membres postérieurs étant moins éloignés de la limite extrême de leur oscillation en avant sont incapables d'entamer beaucoup de terrain » (voir fig. 51, sur laquelle A représente l'appui du membre, P le poser et L le lever). La surcharge des membres restreint aussi l'amplitude des mouvements, la vitesse des allures

Fig. 51. — Influence du rassembler par convergence des antérieurs et des postérieurs sur les mouvements du cheval en action.

diminue tandis que tend vers l'épuisement la fatigue des os, des muscles et des tendons. Une partie de l'effort d'impulsion est dépensée en outre à soulever le corps au lieu de le porter en avant : le déplacement vertical de la croupe doit se faire avant que se produise l'impulsion, d'où fatigue, usure et tares précoces des jarrets et des boulets.

Cette dépense de forces pour élever le centre de gravité est le plus considérable des trois termes de la locomotion horizontale calculée par Marey. Je crois intéressant pour le lecteur de citer ici une partie d'une « Communication sur un modèle mécanique permettant d'expliquer les dépenses d'énergie nécessitées par les mouvements de la locomotion animale », communication faite par M. H. Magne et écrite dans un *Recueil de Médecine vétérinaire* publié par l'École d'Alfort (numéro du 30 décembre 1919).

« Marey, à la suite de ses études de chronophotographie, a décomposé le travail total de la locomotion horizontale en trois termes et il a calculé la valeur de chacun d'eux.

« Le premier est constitué par le travail dépensé dans les variations de la force vive du corps. La vitesse de progression dans tous les modes de locomotion n'est pas constante, elle passe périodiquement par des maxima et des minima; le corps produit donc périodiquement un certain travail positif pour porter sa vitesse du minimum au maximum et un travail négatif équivalant pour la faire varier en sens inverse. Ces travaux proportionnels au carré des variations de la vitesse deviennent considérables aux allures vives.

« Le deuxième terme représente le travail nécessaire pour

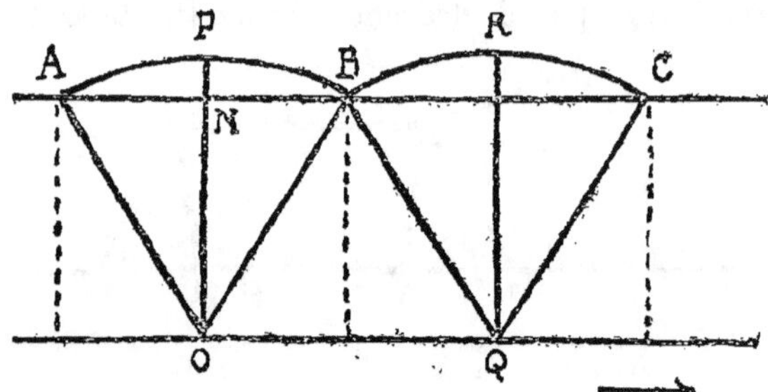

Fig. 52. — Décomposition des mouvements d'élévation et d'abaissement du centre de gravité du corps dans la locomotiou animale.

donner aux muscles leurs mouvements d'oscillation; sa valeur est toujours petite et elle ne dépend, comme celle du précédent, que de la longueur du pas et de sa vitesse; elle ne change pas quand le terrain est incliné.

« Il en est tout autrement du troisième. Son existence est due aux mouvements d'élévation et d'abaissement du centre de gravité du corps. Sur les chronophotographies de Marey il est facile de constater que la trajectoire A P B R C suivie par le centre de gravité n'est pas une droite parallèle au sol mais qu'elle est composée par une série de courbes que l'on peut sans erreur possible assimiler à des arcs de cercle (Voir fig. 52). Dans les allures symétriques (pas, trot, amble) les points ou deux arcs de cercle se coupent, correspondent au début et à la fin des périodes d'appui et de soutien des membres et les sommets de ces arcs de cercle, au milieu de ces périodes. Les forces qui causent ces mouvements verticaux effectuent donc des travaux successivement positifs et négatifs dont il est facile de calculer la valeur en déterminant expérimentalement la hauteur de la flèche P. N. Aux vitesses ordinaires, *ce terme constitue l'élément le plus important de la dépense*. C'est lui qui grève si lourdement les opérations locomotrices des animaux que Baron dans le langage imagé dont il a l'habitude comparait à des voitures roulant sur des roues déjantées.

« Raisonnons pour plus de simplicité sur un bipède marchant à une allure où les périodes d'appui sont égales aux périodes de soutien. Quand un pied arrive à l'appui O, l'extrémité supérieure du membre se trouve en A, elle effectue une oscillation A P B; arrivé en B le membre quitte le sol au moment où le membre opposé y arrive en Q et le centre de gravité recommence à parcourir un arc de cercle B R C identique au précédent. On voit donc que l'extrémité supérieure des membres, ou le centre de gravité qui lui est invariablement lié, effectue le même mouvement que le moyeu d'une roue privée de sa jante etc., etc. »

On se rend compte du travail que fournissent les jarrets du cheval acculé qui supportent la plus grande partie du poids de la masse. « L'impulsion se fait de bas en haut aux dépens de la rapidité et de l'intégrité de sa transmission. » « Le cheval sous lui du derrière se fatigue au repos comme en marche, manque de chasse, est souvent malhabile et exposé à une ruine hâtive » (Jacoulet).

Comme ses autres allures, le pas du cheval barbe est court et incertain, il a le pas de tout cheval qui poussé en avant sans être maintenu n'ose se livrer. Quand il marche rênes longues, il affaisse exagérément son encolure, si l'avant-main est ainsi surchargé, par contre les jarrets se trouvent dégagés. Quand le cavalier touche ou ajuste ses rênes généralement le cheval se met à trottiner; il fuit le mors qu'il redoute, n'osant lui demander l'appui qui favorise les allures franches et étendues. C'est par acculement qu'il trottine. Cette fausse légèreté suffirait à prouver que le cheval est derrière la main, il se mettra vite derrière les jambes pour devenir finalement rétif si l'on persiste à employer

le même mors. Si le cheval supporte au pas des rênes demi-tendues, il fait de très petits pas répétés qui indiquent la gêne et
la crainte de la main de son cavalier. Lorsque le cavalier se sert
du mors, à peu près invariablement le cheval renverse son encolure comme nous l'avons vu et place sa tête horizontale. Ainsi
placé, chaque fois qu'il veut baisser la tête, étant donnée la position de main du cavalier, il rencontre le mors qu'il craint. Il en
résulte un manque complet de liaison entre la bouche du cheval
et la main du cavalier.

Le trot du cheval barbe monté en mors arabe est lui aussi
dur, inégal et d'une désagréable raideur.

Au galop, même si le cavalier abandonne les rênes, le cheval
ne profite pas de la liberté qui lui est laissée, il n'ose mobiliser
son balancier, il a trop peur que son terrible maître sanctionne
d'un brutal coup de mors un abaissement d'encolure qu'il ne
lui permet d'ailleurs jamais d'habitude. Ce galop pénible, écourté,
saccadé, dur, tracassé, est composé d'une succession de petits
sauts en avant exécutés par un pauvre animal craintif et qui
semble affolé. Je le comprends, il y a vraiment de quoi ne pas
être tranquille...

Comme le cheval a besoin, au galop surtout, de mobiliser son
encolure, dès que le cavalier veut se servir du mors ou prendre
contact avec la bouche du cheval, cette allure devient plus pénible encore; l'avant-main seul bascule, l'arrière-main, écrasée
par le poids de la masse, quitte à peine le sol tandis que le
cheval essaie de soulager ses jarrets en « cassant » son encolure
le plus en avant possible.

Si la plus grande partie des chevaux barbes montrent de façon
évidente qu'ils sont en arrière de la main et même en arrière
des jambes, certains cependant, en très petit nombre, paraissent
sur les épaules; ceux-ci tentent d'échapper à la main de leur
cavalier en tirant le nez au vent. Ce serait une erreur de croire
que ces chevaux sont en réalité sur les épaules. Ici encore le
défaut est l'acculement, l'écrasement d'une arrière-main douloureuse, la ruine des jarrets causée par un mors trop dur et manié
par des mains incapables de s'en servir. Ces chevaux fuient la
douleur qui tenaille leurs jarrets; ils tirent parce qu'ils essayent,

en projetant du poids en avant, de rétablir l'équilibre rompu.

Ainsi que le fait remarquer le lieutenant-colonel Gerhardt dans son *Traité des résistances du cheval* : « Il y a des chevaux qui participent à l'acculement et à la surcharge des épaules; ils paraissent à la fois acculés et sur les épaules. A quoi tient cette apparente anomalie? L'acculement, bravant l'action des jambes, favorise l'immense majorité des résistances, amoindrit ses moyens en laissant au cheval la disposition de ses forces, mais lui permet de faire usage de cette réserve pour se soustraire aux aides de son cavalier et même pour les tourner contre lui. Quoique la maladresse, la brutalité, la faiblesse, la sensibilité ou la souffrance d'un organe puissent occasionner les défenses, celles-ci ne peuvent dégénérer en rétivité que grâce à l'acculement qui lui sert de point d'appui. » Ces chevaux sont faussement légers ou très lourds à la main. Ils se mettent en défense contre le cavalier en s'immobilisant, puis, si on les attaque, ils partent en avant en cherchant à forcer la main. Ils sont difficiles à arrêter, font des bonds et des ruades. »

Ainsi donc, on peut dire que le cheval barbe tel que nous le trouvons dans les régiments se débat entre deux douleurs : celle du mors et sa résultante, celle des jarrets.

On peut affirmer aussi que presque tous les chevaux barbes sont acculés, à l'exception de quelques jeunes chevaux pas encore trop « cabossés » et de quelques autres particulièrement bien établis et solidement constitués; de ce fait, ces derniers ont l'avantage de pouvoir supporter plus longtemps la torture de ces moyens et de pouvoir lutter avec plus d'efficacité contre ces procédés. Sont-ils plus heureux parce qu'ils connaîtront plus longtemps cette vie misérable?

« Le cheval semble vouloir se mettre au-dessus de son état de quadrupède en élevant la tête — a dit Buffon. — Dans cette noble attitude, il regarde l'homme face à face. »

Le cheval barbe, tel que nous le trouvons présente un autre aspect : arrêté, il baisse tristement la tête et fixe le sol d'un air las; en action et monté, c'est d'un air excédé, suppliant et d'un œil de martyr qu'il regarde les cieux...

§ 3. — *Les défenses du cheval barbe.*

« Les neuf dixièmes des défenses du cheval et de ses résistances, plongeades violentes, coups de rein, saccades, etc... proviennent des contraintes inopportunes qu'une main inintelligente exerce sur son encolure et sur le chapelet de ses vertèbres d'un bout à l'autre de la colonne vertébrale. » (Capitaine J.-B Dumas.)

Les défenses du cheval barbe sont toutes conséquence de l'acculement et de jarrets douloureux : cabrer, pointer, lançades. Il est rare de trouver des chevaux barbes qui ruent, car généralement c'est sur la partie la plus chargée que la défense prend son point d'appui.

« La défense du cheval est calculée d'après sa position et ses aplombs; celui au devant faible rue, celui trop assis ou qui aura le derrière faible, s'il vient à se défendre pointera. » « C'est la sensibilité dans les jarrets qui amène le plus de défenses parce que, n'excluant pas la force, elle se trouve dans le cas d'être continuellement excitée par l'effet du mors qui, tendant à ralentir, à arrêter ou reculer le cheval, agit directement sur cette partie. Cette irritabilité détermine la défense, laquelle, dans ce cas, se manifeste par des pointes, des bonds en avant ou la fuite et quelquefois même des ruades. » « Afin de se soustraire à cette nouvelle sujétion (le mors), les chevaux ayant de la faiblesse dans les jarrets ou dans l'arrière-main, se trouvant naturellement assis, pointeront au contraire si le mors a une action trop grande parce qu'ils chercheront à reporter en avant les pesanteurs surchargeant leur arrière-main ([1]). »

« Le cheval résiste naturellement et avec d'autant plus d'avantage que la mauvaise répartition de son poids et de ses forces suffira pour annuler l'action du cavalier ([2]).

Si le cheval barbe s'emporte quelquefois et tente de forcer la main de son cavalier en se livrant à des lançades et à des bonds en avant, c'est donc bien pour fuir la douleur qui écrase ses jarrets, pour tenter de rétablir l'équilibre en reportant du

---

([1]) Comte d'Aure.
([2]) Baucher.

poids en avant. Nous avons vu que le cavalier ne peut qu'aggraver la cause de cette défense en s'acharnant à tirer sur les rênes pour ralentir son cheval.

L'équitation arabe, en interdisant l'emploi d'une jambe isolée et en ne se préoccupant pas d'assouplir l'arrière-main, favorise encore les résistances du cheval et l'acculement. « Assouplissez tout ou n'assouplissez rien », dit très logiquement le lieutenant-colonel Gerhardt.

Le général L'Hotte, dans ses « questions équestres », nous donne à ce sujet l'exemple suivant que nous avons tous eu l'occasion d'observer : « Ce sont les hanches bien plutôt que le bout de devant qui impriment la direction; elles agissent, dit-il, comme la barre d'un bateau — l'encolure peut prendre des attitudes indépendantes du reste du corps tandis qu'il n'en est pas de même des hanches par suite de leur soudure intime au tronc — quand il y a opposition entre la direction donnée par le bout de devant et celle donnée par les hanches, cette dernière l'emporte toujours.

« Exemple : Un cheval tient à l'écurie et veut y retourner par un demi-tour à gauche, c'est en vain que le cavalier ouvrira la rêne droite et infléchira la tête et l'encolure à droite, le cheval fera demi-tour à gauche si les hanches résistant le poussent dans cette direction en se refusant à dévier à gauche, c'est donc de l'exploitation des hanches que le cavalier doit surtout se préoccuper pour exercer sa puissance de domination sur le cheval. »

L'assouplissement des hanches est certes absolument nécessaire pour capter les forces du cheval, mais je crois que dans l'exemple cité par le général L'Hotte, ce qui permet surtout au cheval de résister, c'est le défaut d'impulsion; s'il y avait en la circonstance *mouvement en avant*, le cheval *serait forcé* de « suivre son nez » et son encolure.

Si les hanches peuvent être justement comparées à la barre d'un bateau, il est plus compréhensible de comparer l'encolure au timon d'une voiture. Cette comparaison a déjà été faite par le lieutenant-colonel Gerhardt, je crois.

De même que *s'il y a mouvement en avant* la voiture suivra la direction du timon; s'il y a mouvement en avant, le cheval suivra forcément celle de son encolure.

L'absence d'effet latéral du mors arabe et l'emploi unique, dans cette équitation, de la rêne contraire d'opposition pour conduire le cheval, facilitent aussi les résistances.

« Pour tourner à droite, la rêne gauche d'opposition charge la hanche droite, écrit le capitaine de Saint-Phalle, de plus si le cheval fait des difficultés pour avancer en tournant le reflux du poids que la rêne d'opposition provoque sur le postérieur du dedans favorise cette résistance. »

§ 4. — Le caractère du cheval barbe.

Naturellement, le caractère du cheval barbe se ressent lui aussi des moyens et des procédés arabes.

En même temps que perçant et énergie, il perd gaîté, entrain et bonne humeur; il devient maussade, triste et résigné. Comme ses allures, son caractère est étouffé. Sournoisement il retient ses forces pour tenter de se dérober à l'emprise de son cavalier; il emploie l'inertie contre celui qu'il a appris à regarder comme son ennemi. Il ne se livre jamais complètement.

Au départ de l'écurie, après quelques bonds de gaîté (quand il lui en reste) le plus souvent réprimés avec brutalité, il s'en va sans entrain vers le terrain de manœuvres ou le manège, sa « chambre de tortures ». L'ardeur qu'il met pour s'y rendre prouve qu'il sait ce qui l'y attend... L'éperon viendra bien de temps en temps réveiller son impulsion abattue, mais il retombera vite dans ses allures tristes et traînantes. Au retour, au contraire, malgré un travail toujours pénible, malgré son cavalier, il montre de plus brillantes allures, plus d'allant, de vigueur et d'énergie : il lui tarde de finir cette corvée, de mettre sa bouche à l'aise, de reposer ses barres meurtries et ses pauvres jarrets rompus, de se débarrasser de son cavalier.

Les meilleurs chevaux, bien établis, plus résistants, qui ont du caractère, deviennent rétifs. Dans ce cas, ils n'échappent pas à la règle générale appliquée même aux humains : ils sont taxés de mauvais caractère et ils sont maltraités...

La solidité et la résistance de ces chevaux sont vraiment extraordinaires; malgré cette équitation, malgré ces instruments, malgré ces cavaliers, ils se tarent très peu et durent relativement longtemps.

Je ne saurais mieux conclure qu'en citant une phrase du grand écuyer Baucher qui s'applique à merveille au cheval barbe : « Le cheval bien organisé et facile d'éducation contribue à perpétuer les routines funestes. »

CHAPITRE II

CAUSES. — CONSÉQUENCES. — REMÈDES

Les causes d'usure : Le mors et son emploi; l'impossible est demandé au cavalier; l'absence de dressage. — *Conséquences :* usure rapide et prématurée du cheval. — *Les remèdes :* une seule solution logique et vraiment efficace : supprimer le mors; par quoi le remplacer?

La collection assez complète des faits exposés précédemment suffit pour situer les causes.

Nous pouvons affirmer que la cause principale du mal qui atteint, ruine, déforme et sabote la race barbe, est le mors arabe.

Cette cause est encore aggravée du fait que les Arabes font un usage inintelligent et abusif de ce mors dont ils sont incapables de se servir convenablement, et qu'en somme on demande l'impossible au mors comme au cavalier.

L'absence de dressage est aussi une cause sérieuse de l'état dans lequel se trouve le cheval et de sa ruine rapide.

« Lorsqu'on le monte (le cheval) — écrit Le Bon — avec un dressage rudimentaire consistant simplement à lui apprendre à supporter le mors et le poids d'un cavalier et à tourner à droite ou à gauche quand on tire les rênes correspondantes, ses allures ne sont pas modifiées mais simplement gênées. » « Le cheval non équilibré par le dressage dépense plus que nécessaire. Avec les effrayants budgets de guerre d'aujourd'hui, c'est par centaines de millions que se chiffrerait en quelques années une prolongation de durée des chevaux en service dans la cavalerie. » « Le capitaine Van den Meer fait remarquer avec raison, dans son livre sur l'équitation, que les chevaux les plus vieux et les moins tarés se trouvent parmi les chevaux d'école. »

Si l'erreur du mors arabe est excusable de la part des indigènes de l'Afrique du Nord, elle est inadmissible de la nôtre.

Les conséquences de tout ce que nous avons étudié dans les chapitres précédents sont évidentes : le cheval barbe est vite ruiné et prématurément usé.

Malgré l'extraordinaire résistance que possède le cheval barbe, le mors arabe et son emploi ont tôt fait de l'épuiser et de saccager son impulsion.

La surcharge et l'écrasement de l'arrière-main, l'acculement qui comprime et ruine les jarrets, l'encolure figée que le cavalier paralyse, les allures pénibles qui en résultent, l'absence presque complète de dressage du cheval et d'instruction équestre du cavalier arabe, les défenses auxquelles se livre le cheval pour lutter contre le mors, la raideur des hanches jamais assouplies en équitation arabe, ont tôt fait d'user à fond le cheval barbe, d'étouffer ses allures et ses brillantes qualités.

Sous des yeux indifférents qu'une réalité trop lumineuse offense et qui trouvent meilleur de rester entr'ouverts, ou sous des yeux cataractés d'un parti pris déformant les images, voilà comment est usée et « massacrée » une belle race de chevaux...

Il est regrettable que tous ceux qui en sont témoins n'éprouvent pas le besoin de crier fort, avec un diapason plus autorisé que le mien surtout, pour réclamer la fin de la « honte du mors arabe ».

Il est absolument certain et prouvé qu'avec un mors moins dur, ces chevaux solides, résistants et bien trempés dureraient beaucoup plus, car supprimer ce mors serait supprimer du même coup la majorité des tares, la ruine des jarrets, l'acculement avec toutes ses conséquences néfastes.

Connaître la cause de l'usure et de la déformation du cheval barbe est insuffisant, il devient nécessaire, pour épuiser la question, de chercher des remèdes efficaces et d'une application possible.

Différentes demi-mesures peuvent être envisagées :

Le *Manuel à l'usage des gradés des Régiments de Spahis* donne, pour habituer le cheval au mors arabe, un ingénieux moyen qui pourrait être exploité : « Adapter au mors arabe, pendant le temps nécessaire, une paire de rênes supplémentaires. Celles-ci sont bouclées aux anneaux supérieurs du mors (porte-mors de montants de bride). Lorsque le cavalier se borne à agir sur elles, le mors se comporte à peu près comme un bridon. »

Mais ce moyen ne peut être mis en pratique d'une façon durable car le cavalier indigène ne ferait pas la différence entre ces deux effets de rênes. Se souciant bien peu du cheval et en général ne l'aimant pas, il emploierait bien vite ses moyens habituels quand l'instructeur n'aurait pas les yeux fixés sur lui ou qu'il serait livré à lui-même. Peu lui importe de causer de la douleur, de faire souffrir, d'user son cheval. « Monte-moi comme ton ennemi », fait dire au cheval un proverbe arabe, et il s'en charge...

Un autre moyen indiqué par le général Descoins dans un article paru dans une *Revue de Cavalerie* est le suivant :

« Il conviendrait, dans l'intérêt de l'État, de revenir aux errements anciens en rendant aux spahis indigènes la propriété de leur monture. De la sorte une proportion notable de chevaux arriveraient aux régiments en même temps que leurs proprité taires s'engageraient. »

Ceci serait je crois réalisable si les régiments de spahis étaien-composés comme autrefois presque uniquement d'engagés, fils de « grandes tentes » ou fils d'Arabes riches.

L'intérêt du cheval n'y est pas non plus envisagé; il s'userait presque aussi rapidement. La perte de l'État serait peut-être un peu moindre, sa perte immédiate surtout, mais la race barbe n'en tirerait aucun bénéfice.

Quand on voit un enfant jouer avec un revolver nécessitant une manipulation prudente et raisonnée, la logique, le simple bon sens veulent, si l'on veut écarter le danger, qu'on le lui enlève des mains. Il devrait en être de même du mors arabe; les conseils de la logique devraient être suivis sans hésiter; il faudrait enlever le mors arabe des mains, inhabiles à s'en servir, dans lesquelles il se trouve.

Demander au cavalier arabe plus qu'il n'est capable d'obtenir avec un tel mors sans tenir compte de ses capacités équestres ne peut faire qu'augmenter le danger, qu'accentuer les effets désastreux du mors, qu'aggraver la faute contre le bon sens cependant suffisamment confirmée.

La solution logique du problème est donc de changer le mors du cavalier arabe.

Il faudrait lui donner un mors qui fût à la portée de ses moyens et qui ne risque pas de produire des effets aussi contraires à une bonne utilisation du cheval.

Le mors réglementaire français vaudrait mieux que celui dont j'ai entrepris de faire le procès, mais étant données les conceptions équestres actuelles de l'Arabe, il y aurait intérêt à lui mettre entre les mains un instrument encore plus inoffensif avec lequel, sa sévérité se donnant même libre cours, il mettrait quatre ou cinq ans de plus pour arriver à « finir » son cheval.

Cette solution, la seule logique à mon avis, serait certes préférable et donnerait de meilleurs résultats que celle qui consiste à essayer de faire un écuyer du cavalier arabe.

Mais ce qu'il faudrait surtout, c'est *commencer* par détruire la légende l' « Arabe cavalier » (j'y reviens!); la remplacer par la réalité : « L'Arabe est un excellent cavalier *en puissance* » ; s'élancer hardiment de cette base solide, nouvelle, instruire le cavalier arabe et faire passer en somme dans le réel ce qu'il détient en puissance.

QUATRIÈME PARTIE

LE REDRESSAGE DU CHEVAL BARBE

> « Il n'y a pas de dressage possible sans impulsion. » (FILLIS.)
>
> « Tout revient en équitation à commander l'équilibre. » (SAINT-PHALLE.)
>
> « L'équilibre et le mouvement, voilà le grand secret de l'équitation.» (J. JANIN.)

CHAPITRE I

A QUOI REMÉDIER ET COMMENT

§ 1. *Choix d'un cheval.* — « La jeune branche se redresse sans grand travail, mais le gros bois ne se redresse jamais.» — Il faut faire la part des beautés et des défectuosités. — Les compensations. — Le cheval en station. — Le cheval en action. — Le cheval barbe rétif est le plus souvent un excellent cheval. — Il faut le monter à l'extérieur pour juger sa valeur et observer ses allures au retour vers l'écurie. — § 2. *A quoi remédier :* à l'acculement. — *Comment y remédier.* — *Première phase :* remettre le cheval dans son équilibre naturel. — *Deuxième phase :* provoquer un nouvel équilibre qui tiendra compte du poids du cavalier et de sa répartition inégale. — *Troisième phase :* équilibre entre « les forces qui chassent en avant et celles qui modèrent ». — Comment redresser les chevaux « sur les épaules »; les chevaux qui participent à l'acculement et à la surcharge des épaules. — § 3. *Principes de dressage.* — Côté moral du dressage. — Théorie psychologique de l'obéissance. — Le « self recovering ». — La caresse-confiance et la caresse-récompense. — « L'équité doit régler et peine et récompense. » — « La volonté du cavalier doit être un mur... » — § 4. *Les défenses du cheval barbe et comment les combattre.* — « Il faut chercher à combatte les défenses en cherchant à rétablir l'équilibre. » — Avant d'entreprendre de lutter contre un défaut, il faut en rechercher la cause. — De l'emploi des rênes rigides sur les chevaux qui se cabrent ou ne se portent pas en avant à l'attaque des jambes.

Connaissant le cheval barbe, son caractère, ses défauts, le

mauvais équilibre résultant de la dureté du mors arabe et sachant aussi comment le cavalier s'en sert, nous sommes en possession des données indispensables pour entreprendre un redressage intelligent du cheval barbe.

Avant de rechercher les procédés de redressage les plus aptes à produire, *dans le cas concret qui nous occupe*, des résultats rapides et certains, je crois utile de donner quelques indications concernant le choix d'un cheval parmi les barbes, de rappeler ensuite des principes généraux de dressage qui éclaireront notre route et d'indiquer enfin les moyens de lutter contre les défenses les plus usuelles du cheval barbe auxquelles on pourrait se heurter avant même que d'entreprendre son redressage.

§ 1. — *Choix d'un cheval.*

Ce livre étant surtout destiné aux officiers qui ne connaissent pas le cheval barbe, je me permets de mettre à leur service quelques observations faites pendant les huit années que j'ai vécues avec lui. Elles pourront leur être utiles à leurs débuts dans la cavalerie indigène.

Quand j'ai voulu choisir un cheval à mon arrivée dans un régiment de spahis, j'ai été très embarrassé. Surpris par les allures, la souplesse et la façon d'être spéciale de ces chevaux que je ne connaissais pas, je me trouvais incapable d'émettre une appréciation à leur sujet et il me fallut demander conseil à des cavaliers qui, à défaut de connaissances équestres, avaient l'habitude de monter ces chevaux.

C'est la pratique qui familiarise avec les chevaux barbes qui peut le mieux servir de guide pour formuler des appréciations sur eux. En attendant que mes camarades l'acquièrent, je leur dirai précisément ce qui m'aurait été bien utile de savoir quand j'ai pris contact avec le cheval barbe.

Si certaines idées concernant ce sujet peuvent s'appliquer à toutes les races, d'autres sont plutôt spéciales à celle qui nous occupe.

« Un jeune cheval fatigué par un travail prématuré ou rebuté par un emploi inepte est encore plein de ressources qui peuvent être exploitées. Un vieux cheval désagréable ne deviendra jamais sensiblement meilleur. » Écoutez les gens qui connaissent le cheval barbe, leur expérience a formé ce dicton africain : « La jeune branche se redresse sans grand travail, mais le gros bois ne se redresse jamais. »

Je ne parlerai pas des beautés de chaque partie du cheval, ce n'est pas mon but; je signalerai seulement les beautés, les points de force, les défectuosités qui présentent plus particulièrement de l'importance chez les chevaux barbes.

Le parfait n'étant pas de ce monde, de même que chez les autres races, le cheval barbe le plus parfait est celui qui a le moins de défauts; il est donc nécessaire de faire la part des beautés et des défectuosités et d'établir la balance des compensations. « *De beaux points de force sont une des compensations les plus heureuses qu'on puisse trouver à un modèle défectueux.* »

Vous examinez d'abord le cheval en station avant de le monter pour l'essayer.

Cherchez avant tout, chez le barbe, le cheval ayant de l'ensemble, des formes trapues, des lignes courtes. Ne vous éloignez pas de la taille moyenne plutôt petite (1 m. 48); chez les chevaux barbes, les grands sont souvent les moins bons; les chevaux les mieux faits, les mieux suivis, les mieux établis, sont parmi les moyens et même les petits. La musculature très puissante du cheval barbe vient souvent fort à propos compenser le manque de taille. Cherchez donc la puissance, la robustesse, la solidité bien plus que la silhouette et la taille, car celles-ci ne s'allient généralement pas avec celles-là.

Ne vous laissez pas trop influencer par de mauvais aplombs; rappelez-vous que la grande majorité des chevaux que vous examinerez sont acculés; vous aurez d'ailleurs vite fait de faire disparaître ou d'atténuer très sensiblement cette défectuosité en provoquant un meilleur équilibre.

Considérez surtout avec soin les jarrets. Ne prenez pas un cheval qui a les jarrets trop fatigués ou exagérément coudés; une bonne direction des jarrets rend le cheval maniable et facilite sa conduite. Ne soyez pas toutefois exigeant quant à la

netteté car vous perdriez, je le crains, votre temps en recherches. N'attachez pas d'importance aux jarrets clos (à moins
d'une trop grande exagération, s'entend), c'est là plutôt un indice
d'énergie; ils ne gêneront pas le cheval dans ses allures.

Tout de suite après les jarrets, regardez le rein. Un beau rein,
large, court et puissant amoindrit considérablement la défectuosité présentée par des jarrets un peu faibles ou mal placés.
*Jarrets mauvais et mauvais rein font un ménage mal assorti
qui ne peut enfanter que déboires.* Chez le cheval barbe surtout,
qui a toujours les jarrets plus ou moins fatigués ou forcés, fuyez
le rein long, faible et mal attaché.

Certes la vue d'un beau corsage est plaisante, mais ne rejetez
pas un cheval barbe sur le simple examen de la poitrine; s'il vous
plaît, essayez-le quand même; le défaut d'ampleur sera souvent
racheté par une belle profondeur qui pourra pallier ce défaut.
L'adresse naturelle, la puissante énergie de votre futur compagnon en compenseront les conséquences ordinaires.

Si l'avant-main est léger et paraît manquer de moyens,
cherchez la puissance de l'arrière-main, ceci pourra compenser
cela.

Les Arabes attachent avec raison une grande importance à
l'encolure. Ils la veulent longue; cette appréciation est des plus
justes en ce qui concerne aussi bien la race arabe et sa dérivée
la race anglaise de course que la race barbe.

« En allongeant le cou et la tête pour boire dans un ruisseau
qui coule à fleur de terre, si le cheval reste bien d'aplomb sans
replier un de ses membres antérieurs, soyez assuré, dit Abd-el-
Kader, qu'il a de la qualité et que toutes les parties de son corps
sont en harmonie (1). » L'encolure sera très souvent, je peux
même dire toujours, mal dirigée et affaissée; peu importe, ce sera
votre travail de la relever avant de retirer toutes les satisfactions que vous comptez bien demander à l'ami que vous choisissez. Son regard déjà, paraît reconnaissant parce que vous
allez le tirer de cette galère et desserrer enfin sa camisole de
force tressée par des moyens arabes; il vous fera honneur en

---

(1) Jacoulet.

recouvrant, joyeux, ses brillantes allures et sa fière énergie qu'il remettra docilement entre vos mains quand il vous tiendra pour son ami.

Avec cette belle encolure, vous chercherez naturellement un garrot bien prolongé en arrière, une belle épaule longue et bien dirigée et surtout, j'insiste, *très mobile*, jouant aisément.

Beau balancier, épaule belle, solde du compte rein—jarrets nettement créditeur, voilà pour le « fourreau ».

« Prends garde, dit un dicton arabe, de trouver un cœur de vache sous une peau de lion. »

Ce qu'il faut chercher avant tout, c'est la « lame ».

« Ce n'est rien pour un cavalier suffisant, écrit Saint-Phalle, que d'amener un cheval à devenir calme, tandis qu'il est infiniment difficile, quelquefois impossible même au plus habile écuyer, de rendre généreux l'animal qui ne l'est pas. »

Les instruments et les procédés barbares auxquels sont soumis habituellement les chevaux barbes ont pour conséquences inévitables l'abrutissement, la triste résignation s'ils sont lymphatiques ou bien la rétivité s'ils sont vigoureux et énergiques.

C'est pourquoi je n'hésite pas à conseiller à mes camarades de choisir leur monture parmi les chevaux rétifs. Ce sont le plus souvent d'excellents chevaux. « Pour être devenu ou resté rétif, il faut que le cheval ait assez de volonté pour ne pas vouloir céder à des aides maladroites, » nous dit Saint-Phalle.

Quand le cheval rétif sera équilibré et confiant entre des aides justes et calmes, ses allures seront vite régularisées, il sera facilement contenu et sa fougue aisément captée par un cavalier adroit. Il emploiera alors « pour le service de son maître toute l'énergie qu'il mettait auparavant à lui désobéir ».

Choisissez donc un cheval généreux et vibrant, ayant du perçant, de l'impulsion. « *Pas d'impulsion, pas de cheval* » disait, je crois, le général L'Hotte. Cherchez le sang qui actionnera énergiquement les régions même défectueuses.

Si vous mettez le cheval en liberté avant de le monter, ne soyez pas étonné s'il ne se sert pas de son balancier : on lui a appris à ne pas s'en servir; craignant de trouver le mors et la

douleur au bout de l'extension de son encolure, il n'ose pas la
mobiliser. Ne vous arrêtez donc pas à une encolure qui vous sem-
blera figée, qui ne « tirera pas les jarrets sous la masse »; quand
le cheval sentira que vous lui permettez de s'en servir, il ne se
fatiguera pas longtemps en contractions craintives et inutiles.
L'acculement sera souvent évident chez le cheval en liberté;
quand vous en aurez supprimé la cause, le mal disparaîtra.

Cherchez dans l'action une épaule bien vivante, libre, à
oscillations amples. Vous ne retirerez généralement pas de
satisfactions d'un cheval barbe aux épaules mal inclinées et
inertes.

Mais montez-les surtout les chevaux barbes que vous avez
remarqués. « Bandons-nous les yeux et montons dessus, conseille
un dicton arabe. » Vous serez souvent surpris par des révélations
inattendues. Le cavalier attentif aura mille observations intéressantes à faire tant sur le caractère et l'intelligence de sa monture que sur l'étendue de ses moyens. Contrairement au maçon,
ce n'est pas au pied d'un mur que vous pourrez juger le cheval et
vous rendre compte de la mesure de son cœur et de son énergie.
Sortez-le au contraire bien vite et essayez-le à travers pays, dans
le cadre aux horizons lointains qui lui convient; attendez-vous
à être surpris à la sensation de ce que pourra devenir cette « lame »
ébréchée quand vous serez parvenu à lui redonner son perçant.
Seulement, un conseil, essayez-le sans hâte si vous voulez établir
une appréciation voisine de la réalité. Ne vous contentez pas de le
monter aux trois allures un quart d'heure ou une demi-heure dans
une carrière ou un manège; ce n'est guère que dans la deuxième
demi-heure et même parfois à la fin de l'heure que vous verrez « ce
qu'il a dans le ventre ». Méfiez-vous en effet du « pet de feu »
du barbe au début du travail, il est souvent trompeur; ne jugez
pas le cheval sur ses bonds de gaîté du premier quart d'heure :
il veut simplement voir si le cavalier qui le monte aujourd'hui
lui permet un peu de gaîté, ou bien c'est pour vous dire sa joie
d'avoir un autre mors moins gênant sur les barres. Ne vous occu-
pez pas de cette gaîté du début, n'en tenez aucun compte et
quand le cheval aura fini de s'amuser, observez et essayez de
voir.

Quittez donc le quartier pour une bonne heure d'extérieur; vous ne perdrez pas votre temps car il passera vite. La façon dont votre cheval s'éloignera du quartier vous fournira des indications sur son « désir d'avancement » si j'ose dire, sur son entrain, son courage au travail. Au retour vers l'écurie, ouvrez l'œil... Vous verrez le geste et les allures dont il est capable, allures qui persisteront dans un sens comme dans l'autre quand le cheval redressé sera sorti de l'acculement et des moyens qui l'éteignent.

§ 2. — *A quoi remédier et comment?*

Vous avez à présent choisi votre cheval généreux et vibrant. A quoi faut-il remédier?

On peut dire que tous les chevaux barbes sont acculés physiquement ou psychologiquement et, le plus souvent même, ces deux sortes d'acculement se trouvent réunies. Tous les défauts des chevaux barbes ou autres qui cherchent à se dérober à l'action du mors ont la même cause : le manque d'impulsion, le manque d'engagement dans le mouvement en avant.

Le cheval que vous avez pris est donc à peu près certainement acculé et vous l'aurez choisi parmi ceux chez lesquels les conséquences de ce défaut ne sont pas trop profondément incrustées dans les jarrets.

Ce que je dirai s'applique donc à tous les chevaux barbes qui ont été montés en mors arabe et par des cavaliers arabes ainsi qu'aux chevaux d'autres races affligés des mêmes défauts.

C'est un « retournement » complet qu'il faut faire subir à ces chevaux : ils redoutent la main et ne craignent plus la jambe. Ils devront redouter la jambe et perdre toute crainte de la main.

Le *Manuel à l'usage des gradés des régiments de spahis* cite une phrase pleine de bon sens et de logique imagée qui s'applique très bien au cas qui nous occupe : « Quand un arbuste a été courbé dans un sens, si l'on veut le remettre droit, on commence par le courber en sens inverse. » Voilà comment *il faut débuter* le redressage du barbe. Il faut *commencer* par lui donner le défaut opposé. « C'est ainsi, dit la Guérinière, qu'on corrige un défaut par son contraire. »

Avant quoi que ce soit, il faut donc non seulement chercher à remettre le cheval dans son équilibre naturel (près des trois cinquièmes du poids du cheval sont sur l'avant-main), mais encore, il faut accentuer cet équilibre, reporter sur l'avant-main le plus de poids possible, mettre le cheval résolument sur les épaules. *Ceci obtenu*, on devra provoquer un nouvel équilibre qui tiendra compte du poids du cavalier et de sa répartition inégale sur l'avant-main et sur l'arrière-main (¹).

Alors, et alors seulement, on pourra entreprendre d'établir l'équilibre entre les « forces qui chassent en avant et celles qui modèrent ». (Général L'Hotte.)

Il faut donc tout d'abord mettre le cheval *en avant*, l'équilibrer ensuite, puis régulariser ses allures, les développer, « régler l'emploi des forces ». Il est nécessaire de procéder dans cet ordre : provoquer l'impulsion, s'en emparer ensuite. Mettre d'abord franchement le cheval sur les épaules en exigeant une obéissance aux jambes instantanée et complète, ensuite capter cette impulsion débordante que les doigts laisseront s'écouler ou retiendront en s'ouvrant ou en se fermant plus ou moins. La main viendra régler en quelque sorte le débit de cette impulsion qu'auront fait jaillir les jambes; le cours en sera dirigé par le moyen des aides.

Entreprendre d'une autre manière le redressage d'un cheval acculé serait moins logique et les résultats obtenus seraient moins complets et moins certains. Il serait infiniment plus long et difficile aussi de chercher, dès le début, à reporter progressi-

---

(¹) Les expériences du général Morris et de Baucher faites en 1835 ont fourni les résultats suivants : Le cheval était placé chacun des deux bipèdes, antérieur et postérieur, sur le plancher d'une bascule. Le cheval étant tenu dans un état complet d'immobilité, la tête dans la position ordinaire plutôt basse qu'élevée, les poids ci-dessous furent enregistrés : Avant-main, 210 kilos... Arrière-main, 174 kilos... Total : 384

Le cheval étant monté par Baucher qui pesait 64 kilos, le poids indiqué fut : Avant-main, 251 (+ 41); Arrière-main, 197 (+ 23). Total : 448 kilos.

Les 64 kilos de Baucher étaient donc répartis de la façon suivante : 41 kilos sur l'avant-main du cheval (près des deux tiers) et 23 kilos sur son arrière-main. En s'asseyant davantage, le haut du corps en arrière, l'arrière-main fut surchargée de 10 kilos. En penchant le corps en avant, le poids du corps reposant sur les étriers, Baucher surchargea l'avant de 12 kilos.

vement vers l'avant juste la quantité de poids nécessaire à un bon équilibre; les allures resteraient éteintes et retenues malgré la plus extraordinaire puissance du cavalier.

Un nageur qui veut traverser un courant n'arrivera pas au but qu'il veut atteindre s'il se dirige droit dessus, mais au contraire, il touchera la rive opposée à l'endroit qu'il aura choisi s'il nage résolument vers un point situé en amont. Il en est exactement de même dans le cas présent : En se bornant à piquer droit sur le point à atteindre, en ne visant que lui dès le départ, on risque fort de ne pouvoir vaincre le courant des habitudes défectueuses du cheval et de ne jamais atteindre le but. On ne fera ainsi que soulever l'éteignoir qui coiffe les brillantes qualités et les allures énergiques du cheval acculé à redresser.

Enlevez donc délibérément, *pour commencer*, de deux bottes énergiques ce triste éteignoir et l'ardente flamme du barbe jaillira en avant, joyeuse, brillante et claire.

Combien ai-je vu de chevaux barbes que de bons cavaliers cependant, venant de France, ne parvenaient pas à redresser convenablement ! Ces chevaux, souvent faussement légers, grattaient sur place; ils rampaient mais ne travaillaient pas dans l'impulsion. La tête se plaçait parfois, mais des résistances se groupaient à la base d'une encolure mal relevée. Tantôt acculés, tantôt sur les épaules, ils parvenaient rarement à se fixer dans le bon équilibre d'où naît la vraie légèreté. Pourquoi? Parce que leur redressage avait été mal débuté. Je considère qu'il est absolument nécessaire *de commencer le redressage du cheval acculé en lui donnant le défaut opposé.*

Le cheval devra donc passer successivement par les aplombs correspondants aux équilibres que l'on peut représenter par les figures ci-dessous :

Les figures 53 et 54 représentent le cheval tel qu'il est. La station rassemblée par convergence des antérieurs et des postérieurs (fig. 53) est, nous le savons, celle du cheval acculé. L'encolure, dans cette position, est forcément affaissée.

La figure 54 représente le cheval acculé en action, gêné par la main du cavalier et par un mors trop dur. C'est tout à fait la silhouette du cheval barbe monté par un cavalier arabe quand celui-ci se sert du mors.

Les figures 55 et 56 représentent le cheval à la fin de la première phase de son redressage : le cheval est sur les épaules. L'encolure

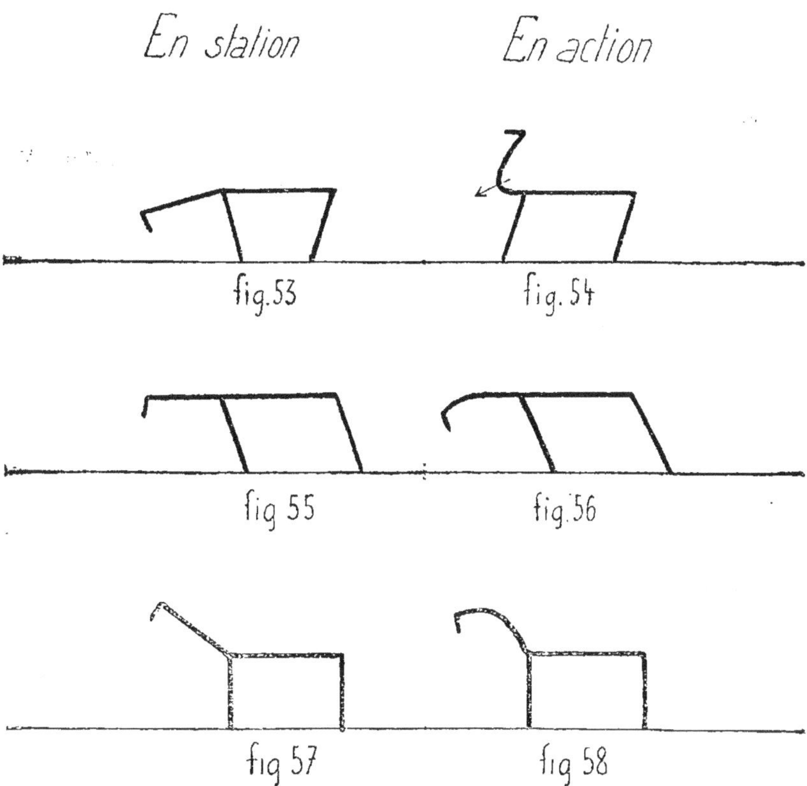

Schémas des différents équilibres du cheval pendant son redressage.

s'est relevée et est voisine de l'horizontale, les jarrets se sont redressés, le cheval est sous lui du devant, le poids qui écrasait les jarrets est passé sur les épaules, c'est la position naturelle du cheval.

Le cheval en action monté a très visiblement l'équilibre du cheval sur les épaules, il est sous lui du devant, les jarrets sont loin et pas encore engagés sous la masse, l'encolure est plutôt légèrement en dessous de l'horizontale, l'avant-main est surchargé. Pour atteindre la deuxième phase du redressage, le nouvel équilibre nécessaire au cheval monté, à cause de la répartition inégale du poids du cavalier sur les deux bipèdes antérieur et postérieur, il ne restera plus qu'à relever l'encolure (fig. 57 et 58). « Le relèvement du balancier aura pour effet statique de décharger l'avant-main; son abaissement qui l'amène dans une position voisine de l'horizontale aura pour effet statique de charger les antérieurs. » (L. de Sévy.)

Le relèvement de l'encolure devra être demandé en même temps que l'on forcera les postérieurs à s'engager sous la masse.

Ainsi placé, l'équilibre du cheval est régulier; son poids et celui du cavalier sont répartis convenablement sur l'avant-main et sur l'arrière-main. Les antérieurs sont sur leur ligne d'aplomb, les postérieurs seuls sont très légèrement ramenés sous la masse. Avec cet équilibre, le maximum d'impulsion et de brillant dans les allures peut être obtenu.

Ainsi que le constate Le Bon, ce rassembler « se rapprochant beaucoup de celui de l'ancienne école de Versailles » est celui enseigné et pratiqué par Baucher vers la fin de sa vie. « Entre le cheval en station régulière et le cheval rassemblé par simple engagement des postérieurs à peine y a-t-il, dit Le Bon, 3 ou 4 centimètres de différence de hauteur du sommet de la croupe au sol. »

« Dès qu'on aura rétabli l'équilibre et l'harmonie entre l'avant-main et l'arrière-main, écrit Baucher, l'éducation du cheval sera moitié faite. »

Alors on pourra passer à la troisième phase du redressage : établir la balance entre « les forces qui chassent en avant et celles qui modèrent ». Le cavalier, maître de l'encolure, pourra la ployer ou l'étendre, « ramener » ou produire des descentes d'encolure. Le cheval deviendra léger aux aides et chargera à la volonté du cavalier l'un ou l'autre de ses bipèdes; le cavalier commandera alors vraiment à l'équilibre, pouvant déplacer à son gré le centre de gravité du cheval. « En sachant combiner ses aides et son assiette, le cavalier est maître de l'équilibre du cheval, c'est-à-dire maître du cheval lui-même. » (Saint-Phalle.)

« Quand un écuyer a su conduire son cheval à ce point, affirme très justement Le Bon, il comprend aisément que la vieille lutte entre l'équitation rassemblée et l'équitation allongée s'évanouit faute d'objet. »

En résumé, on peut diviser en trois parties le redressage du cheval acculé.

Première partie : Équilibre naturel, mettre le cheval sur les épaules (défaut inverse).

Deuxième partie : Nouvel équilibre nécessaire à cause du poids du cavalier, relèvement de l'encolure, engagement des postérieurs.

Troisième partie : Balance entre « les forces qui chassent en avant et celles qui modèrent ».

Les très rares chevaux barbes que vous trouverez véritablement sur les épaules (je pourrais me dispenser d'en faire mention) seront facilement redressés par le relèvement complet de l'encolure. Tous les mouvements tendant à faire passer du poids sur l'arrière-main, reculers, demi-arrêts, ralentissements, mobiliser les épaules autour des hanches, ramèneront vite le cheval dans le nouvel équilibre nécessaire à tout cheval monté.

J'ai déjà dit ailleurs que chez les chevaux qui participent à l'acculement et à la surcharge des épaules, le défaut à combattre est aussi l'acculement, il faudra donc débuter leur redressage comme celui des chevaux acculés, en recherchant avant tout une obéissance aux jambes absolue; les porter « en avant coûte que coûte, en leur faisant craindre la jambe, dût-on augmenter momentanément le poids sur les épaules; une fois l'obéissance aux jambes obtenue, assouplir l'arrière-main, dit le lieutenant-colonel Gerhardt, de manière à préparer cette partie à recevoir un excédent de charge à son tour. Alterner, et insensiblement le cheval se mettra d'aplomb ».

§ 3. — *Principes de dressage.*

> « L'éducation est une maîtresse
> douce, insinuante, ennemie de la
> violence et de la contrainte. »
> (ROLLIN.)

Avant de nous mettre à la recherche d'une méthode de redressage, je crois utile de citer quelques principes de dressage. Vérités absolues, ces principes demeurent toujours vrais quels que soient la méthode et les procédés employés.

« Les procédés de domptage et de redressage qui ont obtenu le plus de faveur sont bien certainement ceux qui reposent sur la douceur, la patience et le tact. Parmi les anciens écuyers, M. de Pluvinel recommandait de commencer l'éducation du cheval « en cherchant la manière de lui travailler la cervelle plus que les reins et les jambes, en prenant garde de l'ennuyer si faire se peut et d'étouffer sa gentillesse, car elle est aux chevaux comme la fleur sur le fruit. » (Jacoulet.)

« Le moral du cheval, dit le général L'Hotte, est la source d'où émane sa prédisposition à nous livrer ses forces ou au contraire à les retenir. De là les chevaux francs, généreux ou, au contraire, rétifs, ramingues. »

« Un cheval bien dressé — dit Dupaty de Clam — est celui dont toutes les parties du corps sont bien assouplies et dont la volonté est tellement gagnée qu'il obéisse aux opérations les moins sensibles. »

Dans l'*Équitation actuelle et ses principes*, Le Bon écrit : « Pour obtenir du cheval le meilleur parti possible, il faut prendre la peine d'étudier son caractère, ne pas le considérer, avec beaucoup de cavaliers, comme un être stupide sur lequel il n'y a qu'à taper pour le faire marcher. La psychologie moderne est un peu plus avancée qu'au temps de Descartes et le dernier des écoliers sait qu'on ne regarde plus aujourd'hui les animaux comme de simples machines privées de raisonnement.

« Le dressage du cheval repose sur des principes fondamentaux de psychologie. Lorsque, dans un avenir fort lointain, l'étude de cette science fera partie de l'éducation des écuyers, le dressage du cheval deviendra une opération beaucoup plus simple et beaucoup plus rapide qu'aujourd'hui. »

« Ce côté moral du dressage, écrit le capitaine de Saint-Phalle, a une influence à laquelle on doit avoir constamment recours, car, sans elle, pas de soumission, pas d'équitation possible. Tous les maîtres l'admettent au moins implicitement et sont des psychologues instinctifs sinon conscients. »

« Le cheval fera tout ce qu'on voudra si, en exécutant ce qu'on lui demande, il s'attend à quelque récompense. » (Xénophon.)

« Mais vous devez être prodigue de vos récompenses et chiche de vos corrections, autrement vous gâterez votre cheval » (duc de Newcastle).

« Il faudra que le cavalier soit curieux de le caresser quand il lui obéira librement » (de la Broue).

« Cédez dès que le cheval cède. » « Faire toujours suivre la concession d'une caresse ou d'un repos », etc... etc...

« La psychologie équestre n'est donc pas une nouveauté comme on pourrait le croire, continue le capitaine de Saint-Phalle, en lisant quelques auteurs qui semblent penser que l'équitation y peut trouver une source de progrès inconnue de nos devanciers. En réalité, nous voyons que la connaissance de la psychologie animale servit de base à l'éducation du cheval dès Xénophon...

« L'appât de cette récompense lui fait alors répéter le mouvement par voie d'association sans qu'il ait pour cela besoin de comprendre que telle est ma volonté. » (Saint-Phalle.)

Aristote, dans son traité « De la mémoire et de la réminiscence » a posé en principe que les idées associables se rattachent toujours entre elles par un rapport de ressemblance, de contraste ou de contiguïté, en donnant à ce dernier terme un sens très général, qui s'applique au temps aussi bien qu'à l'espace.

« L'éducation du cheval, dit Le Bon, est surtout basée sur le principe des associations par contiguïté. Le principe des associations par contiguïté est le suivant : Lorsque des impressions ont été produites simultanément ou se sont succédé immédiatement, il suffit que l'une soit présentée à l'esprit pour que les autres s'y représentent aussitôt... Il suffira de faire suivre immé-

diatement et toujours l'obéissance d'une récompense (caresse,
avoine, sucre, etc...) et le refus d'obéissance d'une punition (éperon, cravache, gronderie) pour que le cheval finisse par perdre
toute velléité de résistance. » « Puis, par la répétition, les « associations conscientes » se transformant en « associations inconscientes », en réflexes, l'obéissance devient absolue. » « L'éducation
est l'art de faire passer le conscient dans l'inconscient (¹). »

Le colonel Blacque Belair, écuyer en chef de l'École de cavalerie de Saumur, écrivait dans la préface de l'*Équitation actuelle*
de Gustave Le Bon, dont j'ai déjà beaucoup parlé : « Votre
chapitre sur la constitution mentale du cheval et celui intitulé :
Bases psychologiques, sont des chefs-d'œuvre, et ceux qui ne
les possèdent pas et ne s'inspirent pas des règles que vous posez
ne peuvent prétendre à rien en équitation.

« L'application des lois de l'association au dressage, l'établissement d'un langage conventionnel qui en découle, la théorie
psychologique de l'obéissance, l'influence de la répétition et de
l'intensité des impressions, la transformation des associations
conscientes en associations inconscientes, tels sont les degrés
menant, rationnellement, progressivement et insensiblement,
comme vous le montrez, à la perfection dans le dressage. »

De la Broue écrivait : « S'il est rétif (le cheval) pour avoir été
trop gourmandé et contraint, il faudra observer autant de douceur et de cérémonies comme s'il était poulain. Si le cheval
est rebuté ou rétif pour avoir été trop rudement et longuement
exercé et trop âprement battu avec les éperons, il faudra premièrement laisser séjourner jusqu'à ce qu'il ait repris ses forces et
premiers esprits. Il faudra aussi que le cavalier soit curieux de
le caresser quand il lui obéira librement, car la douceur est autant
et plus nécessaire aux chevaux estonnez et rebutez qu'à ceux
que l'on exerce pour leur apprendre ce qu'ils n'ont jamais sceu. »

Comme les débuts du dressage, ceux du redressage ont une
influence considérable sur toute sa suite.

Il faudra donc au début du redressage employer surtout la
douceur, mettre le cheval en complète confiance, bien lui mon-

---

(¹) *Psychologie de l'éducation*, de Gustave LE BON.

trer et lui montrer longtemps que le cavalier qui le monte n'est plus celui qui le montait autrefois. Au cheval « estonné et rebuté » il faudra faire oublier les mauvais procédés dont il fut la victime malheureuse. En résumé, douceur, patience et gentillesse.

Suivez en tous points les conseils de la Broue et vous en tirerez rapidement profit. « Laissez séjourner jusques à ce qu'il ait repris ses forces et premiers esprits. » Laissez votre cheval se reposer tranquille quelques jours à l'écurie et profitez-en pour lui soigner les jarrets. Allez le voir souvent, caressez-le. L'homme est faible par ses travers et le cheval aussi. Le barbe est très souvent gourmand et très sensible aux gâteries, sachez en profiter, vous obtiendrez beaucoup ; si le cheval est rétif elles amolliront son caractère.

Durant cette période précédant le redressage proprement dit et que j'appellerai le *self-recovering* (¹), pendant laquelle le cheval reprendra « ses forces et premiers esprits » si vous avez la chance d'avoir un manège ou une carrière, mettez quelquefois votre cheval en liberté, laissez-le flâner, jouer, se rouler à son aise et caressez-le ; qu'il ait tout loisir de s'apercevoir qu'il peut maintenant sortir de l'écurie sans être maltraité et sans souffrir.

Je ne saurais trop conseiller de faire grand cas du « self-recovering » avec tous les chevaux à redresser quels qu'ils soient et de ne pas considérer cette période comme facultative ou inutile. Ainsi que je l'ai bien souvent entendu dire : En équitation, aller lentement, doucement, c'est gagner du temps.

Pendant cette période, il ne faut pas craindre d'abuser de la caresse. Pour le moment, le but des caresses n'est pas de récompenser, il est de mettre le cheval en confiance, de lui montrer que son nouveau maître est animé à son égard des meilleures intentions et qu'il veut devenir son ami. *Le but* est d'amadouer le cheval, de conquérir sa confiance et sa sympathie ; la caresse n'a donc pas à présent forme de récompense, elle n'a pas à se préoccuper du moment où elle est octroyée.

Mais, plus tard, quand le cheval comprend le langage conventionnel de son cavalier, quand il connaît les aides, la caresse doit

____

(¹) *Self* : soi-même...; *to recover* recouvrer, se rétablir.

être un satisfecit et doit récompenser. Il faut bien se garder, *alors*, d'en faire un gaspillage irréfléchi ; l'excès deviendrait un défaut. « L'équité doit régler et peine et récompense. » Et la récompense est certainement le moyen d'éducation le meilleur et le plus puissant à condition qu'il soit appliqué et dosé même avec mesure et à propos (loi des associations) exactement comme doit l'être aussi la correction.

Assurément, il ne faut pas être chiche de caresses, mais il est nécessaire, je crois, de n'en donner qu'à bon escient ; faute de cette précaution, elles risquent de perdre cette saveur de récompense que nous avons tout avantage à leur conserver.

« Plus le cheval s'est obstiné dans sa révolte, plus il faut récompenser sa soumission », a dit Saint-Phalle. Si l'on doit récompenser à propos, il faut aussi savoir corriger avec autorité quand c'est nécessaire et toujours avec mesure. Comme le dressage, le redressage doit être tendre et sévère et non pas froid et mou.

Récompenses et corrections tombant à tort et à travers sans souci des lois d'association capitales en dressage, laisseront le cheval insensible, et c'est tout naturel.

« Comme l'homme, le cheval ne fait bien que ce qu'il fait volontiers. Dégoûtez-le de son travail, vous perdrez tout le bénéfice de son bon vouloir et vous serez obligé de réduire sa mauvaise humeur par la force et par les corrections. » (Saint-Phalle.) Mauvais travail...

Pour compléter ces principes de dressage, je citerai encore un passage de Le Bon : « La volonté du cavalier doit être un mur que le cheval se sente impuissant à franchir. Le mur est illusoire sans doute, mais l'art du cavalier consiste à persuader le cheval de son existence. Le jour ou l'expérience enseigne au cheval que le mur est fictif, il ne l'oubliera pas et à dater de ce jour, le dressage sera sérieusement compromis. »

Au cheval difficile de caractère, il faudra surtout prouver qu'on est le plus fort et employer persévérance et fermeté, mais il faudra toujours faire suivre la concession, même légère au début, d'une caresse ou d'un repos ; il sera essentiel de lui faire comprendre aussi que les châtiments ne sont pas une attaque mais une répression (loi des associations).

« La soumission nous étant indispensable, il faut non seulement l'obtenir, mais encore ne pas lui nuire par des demandes inopportunes ou mal faites, et enfin la conserver si le cheval voulait en sortir. Cela nécessite trois qualités : de la progression dans les exigences, de la justesse dans la manière de les présenter et enfin de l'autorité dans les aides.

« La progression dans les exigences consiste à ne rien demander sans que le cheval y ait été préparé par les exercices précédents. Ce sont les résultats déjà obtenus qui permettent d'en acquérir de nouveaux. »

Il faut en somme suivre les progrès et non les précéder.

« On peut poser en principe, dit le général L'Hotte, que les théories savantes quelles qu'elles soient ne sauraient demeurer présentes à l'esprit du praticien, lorsque, se trouvant en pleine exploitation du cheval, il est aux prises avec sa monture. Pour diriger le cavalier d'une manière constante dans sa pratique, il lui faut d'autres guides plus simples. Il les trouvera dans la succession des buts à poursuivre, parce que, simples à envisager et peu nombreux, ils peuvent être toujours présents à son esprit. Ces buts peuvent s'exprimer en trois mots : calme, en avant et droit. Il ne faut rechercher le suivant qu'après avoir atteint le précédent. »

« Mettre en confiance, calmer, soumettre », professe Saint-Phalle.

« Rétablir le calme et la confiance, dit Baucher.

Tous les écuyers de tous les temps ont placé la recherche de la confiance et du calme en tête de leurs principes de dressage; *a fortiori*, calmer et mettre en confiance doit être au début de tout redressage. Dans le cas qui nous occupe, je crois qu'il faut ordonner les différents buts à poursuivre comme suit :

Mettre en confiance — calmer. — Obéissance aux aides — soumettre. Le tout précédé du « self-recovering » dont j'ai parlé tout à l'heure.

Parmi ces buts très généraux seront intercalés les divers équilibres par lesquels le cheval devra passer pendant son redressage, ainsi que les différentes phases du travail de relèvement de l'encolure exposées plus loin.

Nous pouvons récapituler ainsi les principes exposés :

Douceur, patience, fermeté.

Appliquer théorie psychologique de l'obéissance (*sine qua non*).

Être tendre et sévère, distribuer « peine et récompense » avec à-propos et mesure.

« La volonté du cavalier doit être un mur... »

Succession des buts à poursuivre.

Suivre les progrès et non les précéder.

§ 4. — *Les défenses du cheval barbe. Comment les combattre.*

> « Il faut chercher à combattre la défense en cherchant à rétablir l'équilibre. »
>
> (D'Aure.)

Avant de terminer ce chapitre, je signalerai rapidement les défenses habituelles du cheval barbe et les moyens les plus efficaces de les combattre.

Les neuf dixièmes des défenses que vous rencontrerez chez les chevaux barbes proviennent, non de la « caboche », mais de jarrets douloureux. On voit trop souvent hélas, une brutale sévérité se substituer ici à la plus élémentaire logique.

Surtout avec les chevaux barbes malmenés dont, en général, on abuse et qui souffrent, avant d'entreprendre de lutter contre un défaut, il faut en rechercher la cause. Ce serait une erreur stupide de vouloir combattre le mal en faisant du mal, c'est un calmant qu'il faut pour apaiser la douleur contre laquelle le cheval se défend le plus souvent.

Il ne faut pas non plus prendre pour mauvais vouloir ce qui n'est que crainte d'affronter une douleur trop grande, ignorance ou faiblesse.

L'excuse de toutes ces « lapalissades » que je débite doit être recherchée dans tout ce que j'ai vu depuis qu'il m'est possible d'observer le cheval barbe...

Les défenses du cheval barbe proviennent le plus souvent de jarrets écrasés par le poids de la masse refoulée en arrière par un mors trop dur et mal employé. Les chevaux barbes qui se défendent pointent, se cabrent et refusent de se porter en avant à l'attaque de la jambe ou de l'éperon (conséquence la plus grave de l'acculement.

« La défense part toujours de la partie la moins chargée. »

« Les chevaux sujets à se cabrer, dit Dupaty de Clam, ont les forces réunies dans leur arrière-main, il faut les répandre dans toutes les autres parties, ceux-là demandent plutôt les jambes du cavalier que la main. Il n'est d'autre parti à prendre que de le mettre en équilibre sur les jambes de manière qu'elles travaillent toutes également à soutenir tout le corps. »

Pour combattre les défenses du cheval barbe au début de son redressage, il faut donc porter le cheval en avant coûte que coûte, charger le devant. Quelques leçons de « rênes rigides » à défaut d'un redressage complet obligeront au début le cheval à se porter en avant à la demande du cavalier, *à céder.*

J'ai fait un grand usage des rênes rigides et j'ai obtenu par leur emploi des résultats décisifs.

L'idée des rênes rigides revient, si je ne me trompe, au général L'Hotte ; ce sont deux tiges solides que l'on place à l'endroit des rênes, une des extrémités est fixée à l'anneau du filet (avec le mors arabe à l'anneau porte-mors), l'autre est dans la main du cavalier. En poussant devant soi, étant à cheval, ces deux rênes rigides comme s'il s'agissait des brancards d'une brouette, on charge le devant en forçant le balancier à s'étendre ; le cheval, pour éviter la chute, est obligé d'étayer le poids de sa masse au moyen de ses membres suspenseurs et se porte ainsi en avant. Je n'ai jamais vu un cheval résister à ce moyen, cela doit lui être impossible. Les rênes rigides qui forcent le cheval à l'obéissance sans qu'il puisse s'y soustraire offrent une grande puissance de domination et produisent *un effet moral souvent décisif.*

Deux simples bâtons et deux bouts de ficelle suffisent pour confectionner cet appareil qui manque bien un peu d'élégance, mais qui présente une grande utilité pratique.

Le lieutenant-colonel Gerhardt indique un autre moyen de lutter contre le cheval qui se cabre : « Mobiliser l'arrière-main pour pouvoir la déplacer et enlever ses points d'appui à la défense. » Ce moyen n'est pas applicable au cheval barbe au début de son redressage car on ne lui a jamais appris à obéir à l'effet d'une jambe isolée. Pour combattre donc les défenses pré-redressage du barbe, il n'y a que « la chambrière au derrière » ou les rênes rigides. J'ai peu employé le premier de ces moyens, mais j'ai toujours obtenu avec le second, que je crois très supérieur, des résultats immédiats et décisifs.

Très peu de chevaux barbes ruent.

« Les chevaux ayant les jarrets douloureux, et par cette raison portant sur les épaules, ruent si l'on cherche à les asseoir avec trop de force. Il faut donc, lorsqu'on rencontre des jarrets douloureux, faire agir la main avec assez de légèreté, de fixité et de ménagement pour ne pas provoquer une irritabilité qui ferait sortir le cheval de son aplomb. Enfin, lorsqu'une grande raideur dans les hanches et les jarrets (raideur produite souvent dans cette dernière partie par différentes tares) ne permet pas à l'arrière-main de s'assouplir pour établir l'équilibre, les épaules auront à supporter une pesanteur plus forte, le cheval s'appuiera sur la main. En agissant avec ménagement et en raison de la force du cheval, ce dernier sera bientôt ramené et assoupli tandis qu'au contraire, en agissant avec trop de force, si l'on veut le ramener trop promptement, l'arrière-main recevant une sujétion insupportable, le cheval peut se cabrer, se renverser, se porter en avant avec violence, s'appuyer sur le mors avec tant de force que le cavalier n'en sera plus maître (¹). »

Vous trouverez aussi quelques chevaux barbes qui trottinent avec entêtement. J'en parle à cet endroit car ils se servent de cette allure désagréable comme d'une véritable défense. Ces chevaux trottinent par acculement sans prendre appui sur la main. Rétablir l'équilibre est encore ici le remède.

Il faudra forcer le cheval à se livrer, le prendre énergiquement dans les jambes, fixer la main et le pousser à l'extrême vitesse de l'allure qu'il s'obstine à prendre, sa paresse n'y trouvant plus son compte, il finira par se livrer dans l'allure qu'on lui demande. Ou bien, ce qui est préférable, on pourra maintenir l'allure à

(¹) D'Aure.

un train modéré et la soutenir très longtemps, lorsque la fatigue commencera à venir, le cheval, peu à peu, en viendra à baisser sa tête et à étendre son encolure pour aider sa marche par la position du centre de gravité. *Si la main se fait clémente à ce moment précis*, le cheval finira par prendre l'habitude de chercher dans la position basse de son encolure l'aide qu'elle lui apporte, puis en le caressant et en le mettant au pas on lui fera comprendre qu'il répond au désir de son cavalier.

En exploitant la loi des associations par contiguité, on aboutira très vite au but recherché. *Si* le cheval *sent* que chaque fois qu'il lève la tête il est gêné par le mors et que, au contraire, chaque fois qu'il la baisse, ses barres sont moins comprimées, il adoptera vite cette dernière attitude plus « confortable » pour lui, attitude d'ailleurs naturelle.

Parmi les chevaux barbes à redresser, quelques-uns, très rares, pourront paraître sur les épaules et chercher à « emmener » leur cavalier. La cause est encore la douleur des jarrets; il ne faudra donc pas mettre au cheval qui aura ce défaut un mors plus dur qui aurait pour conséquence d'augmenter la douleur des jarrets. « Le mors devant régler, arrêter et diriger les mouvements est le principal agent qui sert à rétablir l'équilibre, mais il faut ici consulter les causes qui font sortir un cheval de son aplomb avant d'employer des embouchures plus ou moins dures » (d'Aure). En même temps que faire agir la main avec assez de légèreté, de fixité et de ménagement pour ne pas irriter la douleur des jarrets, il faudra tromper les appuis et s'efforcer ainsi de ne pas laisser le cheval prendre sur la main l'appui qui lui est nécessaire pour augmenter l'allure.

CHAPITRE II

A LA RECHERCHE D'UNE MÉTHODE DE REDRESSAGE

> « Les préceptes de notre ancienne
> équitation nous sont toujours né-
> cessaires, sans nul doute; ils doivent
> être seulement plus ou moins modi-
> fiés en raison de l'emploi auquel on
> veut astreindre le cheval, comme en
> raison de l'espèce à laquelle on s'a-
> dresse. »
>
> (D'AURE.)

§ 1. *Généralités.* — § 2. *Baucher et le cheval barbe.* — Les deux méthodes de Baucher. — Pourquoi la deuxième peut être appliquée avec fruits au cheval barbe à redresser. — Avantages de la méthode Baucher : grande puissance des moyens auxquels le cheval est forcé de céder; pirouettes renversées sur l'éperon et flexions directes de la mâchoire.

Généralités.

Ainsi que le constate Le Bon, les ouvrages relatifs au redressage font défaut et cependant le redressage est plus fréquent et plus difficile que le dressage; on a plus souvent à redresser un cheval qu'à dresser un cheval neuf, surtout en Afrique ou tous les chevaux ont été montés (et comment !) avant d'arriver dans les régiments.

La méthode que j'indiquerai détruit l'acculement de façon sûre et complète et met le cheval sous la domination absolue du cavalier. Elle donne des résultats rapides et surtout durables. Simple, elle peut être appliquée facilement et sans danger. Elle s'inspire des principes d'équitation magistralement exposés dans le Manuel d'équitation et dressage : « Des conseils de Pluvinel, de la Guérinière, du comte d'Aure, de Baucher, des généraux L'Hotte, Faverot de Kerbrech, Jules de Benoist et de Beauchesne. » Ces principes demeureront éternellement vrais, seuls l'application et les moyens seront modifiés pour être adaptés à l'espèce qui nous occupe en tenant compte de son tempérament et surtout du défaut commun à tous les chevaux barbes : l'acculement. Mais il demeure entendu que « la méthode ne peut donner qu'une directive; elle laisse à la perspicacité et au savoir-faire du cavalier le soin de suppléer à ce qu'elle a forcément d'incomplet » (Saint-Phalle). Méthodes et procédés viennent au secours de l'art et le secondent, mais ils en sont absolument distincts.

Certes, les chevaux barbes pourraient être redressés avec les procédés d'équitation ordinaires, mais ce serait long, très long et difficile pour la majorité des cavaliers; des résultats complets et durables ne seraient obtenus que par des cavaliers exceptionnellement puissants et doués de rares qualités.

Les données de la méthode exposée plus loin ont l'avantage d'avoir été puisées aux deux sources fécondes de l'observation et de l'expérience du barbe. Par son emploi, des résultats ont été atteints qui — avec les procédés habituellement employés — n'auraient été obtenus qu'au prix de beaucoup plus de temps, de difficultés et d'efforts. Je crois même que les moyens ordinaires appliqués à ces chevaux, étant donné ce qu'ils sont devenus, ne pourraient produire des résultats aussi complets et aussi définitifs.

Pour étudier cette méthode, nous emploierons le premier procédé qui se présente à l'esprit : l'analyse; dans une seconde opération, la synthèse, nous recoudrons les faits analysés sur lesquels nous possèderons alors des idées claires et précises.

§ 2. — *Baucher et le cheval barbe.*

Nous avons vu que le cheval barbe tel que nous le trouvons est le cheval bauchérisé de 1849 dépeint par le général L'Hotte, monté par de mauvais cavaliers, avec des procédés qui conduisent tout droit à l'acculement.

Or, la méthode que je préconise contient certains moyens enseignés par Baucher lui-même vers la fin de sa vie pour combattre l'acculement, ce défaut dans lequel tombaient tous les chevaux de ses élèves qui ne possédaient ni la science ni les moyens du maître. Nous savons que Baucher, à cette époque, remédia à ce grave défaut par le relèvement de l'encolure.

« Baucher a enseigné deux méthodes, la première d'une application difficile et délicate, qui fut pratiquée par le général Faverot de Kerbrech et le capitaine Raab ; la deuxième, moins renfermée, en apparente contradiction avec la première, d'une application plus facile, celle destinée aux cavaliers qui ne demandent à leurs chevaux que les qualités suivantes : être très maniables avec une franchise absolue, des allures plus rapides et plus brillantes, sans aucune de ces sourdes résistances dont nous parlerons plus loin, qui influent pour toute la vie sur l'attitude de certains animaux et qu'il est cependant possible de détruire à tout âge. » (Préface des dernières instructions de Baucher, par Boisgilbert.)

La dernière méthode Baucher, celle qui ne comporte pas les flexions d'encolure, celle décrite par Boisgilbert, peut être appliquée avec fruits au cheval barbe à redresser.

Si les moyens qui sont préconisés sont d'un emploi délicat avec des pur-sang, des chevaux très sensibles vibrants et chauds, par contre ils conviennent parfaitement aux chevaux barbes indifférents aux jambes, blasés de l'éperon et d'un caractère froid et calme en général ; dans ces conditions, les moyens de Baucher n'exigent pas un tact, un doigté, un sens de la mesure, un discernement supérieurs à ceux que possède un cavalier ordinaire.

« Avec les chevaux qui ont déjà travaillé et qui sont restés ou sont devenus rétifs, il est rare que la douceur réussisse, parce qu'ils ont si bien pris l'habitude d'avoir le dessus sur le cavalier, qu'il leur faut des arguments très convaincants pour leur faire comprendre qu'en changeant de maître ils doivent changer de caractère. On est presque toujours forcé avec les chevaux de cette sorte de recourir aux corrections » (Saint-Phalle).

En employant les procédés habituels de dressage, on est obligé, en effet, pour forcer le cheval à obéir, de recourir à la violence dès le début du redressage. Non seulement je ne pense pas que ce soit très recommandable, mais encore je ferai remarquer que dans la correction, il faut un tact que peu de cavaliers possèdent.

Je crois qu'on peut ici convaincre sans corriger. Il suffit d'employer des procédés qui *obligent* le cheval à obéir, des procédés qui *forcent le cheval à céder* sans qu'il puisse s'y soustraire. Je fais une grande différence entre ces procédés qui forcent le cheval à céder (les rênes rigides en sont un) et ceux qui corrigent, qui châtient un défaut d'obéissance qui peut être au début du redressage crainte ou ignorance.

Baucher nous fournit justement ces procédés « besif » contre lesquels « il n'y a rien à faire » pour le cheval, rien d'autre que d'exécuter l'ordre de son cavalier. Je tiens pour infiniment précieux ces procédés qui plient sans qu'il soit besoin de battre, qui contraignent avec énergie certes mais sans violence; ce sont pour le cheval qui les ressent des arguments bien plus *persuasifs* que s'ils étaient frappants.

Les moyens enseignés par Baucher ont cette puissance inéluctable; ils produisent vite une complète obéissance aux aides et une sensibilité qui rend rapidement le cheval aussi léger aux jambes qu'aux mains, ce qui constitue, écrit le général L'Hotte, la véritable légèreté et Saint-Phalle d'ajouter : « Sensibilité aux rênes, sensibilité aux jambes sont la source de toute finesse en équitation. »

Par ces procédés auxquels le cheval, une fois qu'il y aura été soumis, *ne pourra plus se dérober*, on obtiendra très vite la flexibilité de tous les ressorts et pour toujours la possession complète des forces du cheval qui se trouvera alors entièrement soumis entre les mains et les jambes du cavalier.

Les procédés que j'emprunterai à Baucher pour le redressage du cheval barbe et qui ont les qualités dont je viens de parler sont : les « pirouettes renversées sur l'éperon et les flexions directes de la mâchoire ». (Les cavaliers qui ne connaîtraient pas ces procédés en trouveront plus loin l'exposition détaillée dans les chapitres traitant de « l'assouplissement des articulations de la nuque et de la mâchoire » et de « l'obéissance aux aides ».)

a) *Les pirouettes renversées sur l'éperon.* « — Nous avons vu précédemment que la dureté du mors arabe, l'incapacité compréhensible de ceux qui s'en servent, un emploi abusif, permanent et irraisonné de la jambe et de l'éperon à l'endroit où ils peuvent produire leur maximum d'effet, le manque de soutien, de liaison, entre la bouche du cheval et la main du cavalier, avaient pour conséquence inévitable de mettre le cheval derrière la main et finalement en arrière des jambes. Le mors et la crainte du mors éteignant l'impulsion en la contenant sans cesse malgré la demande de la jambe, le cheval devient vite froid aux jambes blasé de l'éperon et finit par s'habituer à n'y plus céder.

Or, ce cheval inerte à des moyens autrement plus puissants que ceux que nous employons habituellement, il s'agit de le rendre sensible et léger à la jambe. Voilà le « Hic ».

Pour y arriver, il est nécessaire d'employer *au début* des procédés énergiques et puissants qui *obligeront* le cheval à céder; ces procédés lui feront tout d'abord redouter l'éperon, puis la crainte respectueuse de l'éperon — commencement de la sagesse — amènera l'obéissance au mollet et « au vent de la botte » (loi des associations par contiguité).

Avec les pirouettes renversées sur l'éperon de Baucher, l'éperon sera vite redouté. Cet emploi énergique des aides latérales qui renforcent mutuellement leurs effets obligent le cheval à céder dans le sens demandé par le cavalier; ce procédé ne permet ni confusion ni lutte et ne laisse au cheval d'autre ressource que celle d'obéir ou de tomber; c'est pourquoi les pirouettes sur l'éperon produisent sur le cheval un effet de domination très puissant qui le soumet rapidement et provoque — souvent au bout de quelques jours — l'obéissance parfaite à une seule jambe ou aux deux jambes.

« Les chevaux — dit très justement Le Bon — sont un peu comme les peuples et les enfants : les impressions fortes sont à peu près les seules qui se fixent rapidement dans leur esprit et dont ils se souviennent toujours. Le grand avantage des impressions fortes, *c'est d'avoir à peine besoin d'être renouvelées*. Il ne faut pas, même d'ailleurs, les renouveler afin d'éviter les luttes. *L'intensité des impressions permet alors d'éviter leur répétition.* »

Le cheval, qui a beaucoup de mémoire comme chacun sait, et plus particulièrement le barbe qui a des facultés intellectuelles plus développées que celles des autres chevaux, ne mettra pas longtemps à s'apercevoir que son cavalier possède un moyen de le dominer et de le forcer « hic et nunc » à obéir à la jambe s'il vient à y manquer; dans ces conditions, il jugera qu'il a tout avantage à céder avec soumission; il le fera d'autant plus volontiers que la récompense viendra l'encourager à propos dans cette voie et d'autant plus résolument que son cavalier mettra un soin plus grand à ne jamais se contrecarrer, *à laisser se produire librement sans entrave l'impulsion commandée par la jambe.*

> Dès qu'il faut obéir, le parti le plus sage
> Est de savoir se faire un heureux esclavage.

Il est nécessaire d'employer dès le début de l'engagement ces forces imposantes qui doivent bousculer la défense.

Quand le défenseur se sera aperçu de l'inanité de ses efforts contre cette énergie irrésistible, il ne voudra plus jouer cette partie où c'est toujours lui qui est fait échec et mat. Un très grand pas sera fait alors dans la voie du redressage et de la soumission.

Ces procédés inéluctables auront alors à intervenir de moins en moins et seront relégués de plus en plus en arrière vers les réserves générales où elles seront désormais cantonnées au repos.

La garnison des défenses, les hanches, convaincue de l'inutilité des résistances, se laissera occuper et se soumettra docilement; après s'être imposé, le cavalier habile se fera tolérer et agira de telle sorte que la soumission soit agréable au cheval; la contrainte devra se changer en gaîté et en bon vouloir, c'est le terme le plus captivant de tout dressage bien compris.

Dans le courant du redressage, le cavalier n'aura à faire intervenir ces réserves que par temps de révolte, de rébellion ou de rappel à l'ordre si le cheval, par trop familier, venait à perdre le respect de la botte sous prétexte qu'elle lui frôle le ventre, ou exécutait les ordres avec une froideur sournoise, un entrain et une bonne volonté insuffisants.

Il est absolument essentiel, je trouve, de posséder ces réserves de commandement irrésistibles qui sont « la garde » du cavalier menacé. Le défaut de répression a toujours été considéré comme de la faiblesse ou de la peur, si le cheval par hasard, par oubli ou par coup de sonde, s'aperçoit que son cavalier ne possède pas ces réserves de commandement, il le manœuvrera, s'enhardira petit à petit et en viendra à peu près sûrement à organiser ses résistances, à s'armer et à se défendre; alors, c'est la lutte, la bataille, avec ses conséquences aléatoires; dans ce cas-ci, le cavalier risque fort d'être « roulé » et il aurait mieux fait de cavaler dans d'autres manèges ces chevaux plus soumis qui galopent infatigablement sur des voltes immuables.

b) *Les flexions directes de la mâchoire.* — Nous savons que le cheval barbe tel que nous le trouvons généralement a la bouche pleine — bien que béante — de résistances et de sournoises contractions qui sont développées et non détruites par un mors trop délicat pour être d'un usage inoffensif entre des mains arabes.

Avec les moyens habituels : tromper les appuis, rendre, reprendre, il serait très difficile de faire disparaître complètement ces résistances solidement implantées dans des bouches « perdues ». Il ne s'agit pas de jouer à cache-cache avec elles, il faut les détruire et pour cela les extirper de force.

Les flexions directes de la mâchoire de Baucher désagrégeront à tout jamais, certainement et vite les résistances les plus tenaces et les plus obstinées.

Pour obtenir la décontraction de la mâchoire, dit le Manuel d'équitation et de dressage, « on devra engager le cheval dans une allure détendue, division des appuis, différentes combinaisons de rênes, rendre, reprendre, demi-arrêts, vibrations, amèneront tôt ou tard la décontraction demandée ». Et il s'empresse d'ajouter : « Dans la pratique des assouplissements de bouche, il faut exercer un contrôle sévère sur la conservation de l'impulsion. » Les flexions directes de la mâchoire présentent cet avantage très précieux, dans le redressage qui nous occupe, *de ne pas risquer de prendre sur l'impulsion.*

Baucher nous fournit donc les moyens de redresser rapidement le cheval, de le rendre très vite obéissant aux aides, de nous assurer de la domination complète de ses forces; ceci obtenu, ces procédés sévères n'ont nullement besoin d'être continués et les moyens de d'Aure pourront être appliqués au cheval; il y sera parfaitement soumis.

Les procédés de Baucher demeureront seulement un moyen puissant et *infaillible* pour soumettre à la minute et avec certitude le cheval qui tenterait d'échapper aux aides du cavalier ou n'en aurait pas un respect suffisant.

CHAPITRE III

LE RELÈVEMENT DE L'ENCOLURE

§ **1.** *Ses effets :* 1º *Sur le centre de gravité* du cheval. Nécessité de donner au cheval un nouvel équilibre; 2º *Sur les allures.* De l'influence produite sur les allures par les différentes positions de l'encolure; le relèvement de l'encolure doit toujours s'accompagner de l'engagement des postérieurs; 3º *Sur la domination du cheval.* D'où provient la domination et le ralentissement forcé du cheval qui a l'encolure relevée. L'encolure relevée n'est pas compatible avec la contraction de tous ses muscles. Comment s'explique l'influence du relèvement de l'encolure sur la suppression de la période de suspension au galop.

§ **2.** *Il y a deux relèvements de l'encolure :* a) L'encolure renversée. Le cheval qui porte au vent a la base de l'encolure affaissée:

b) L'élévation complète de l'encolure. Pourquoi le relèvement de l'encolure d'un cheval qui porte au vent ne peut empêcher l'emballement. Dans quel ordre faut-il s'occuper des articulations du « bout du devant ».

§ 1. — *Ses effets.*

Tous les écuyers sont d'accord pour reconnaître qu'il ne peut y avoir de mise en main sans élévation de l'encolure et décontraction complète de la nuque et de la mâchoire.

« Sans un port élevé de la tête et de l'encolure résultant d'un mouvement en avant souple et énergique, — dit Boisgilbert — il ne peut y avoir de cheval facile à conduire. »

« Les chevaux placés l'encolure basse sont dans l'impossibilité d'être conduits aisément; pour les rendre maniables il faut la relever. Aussi pour en arriver à la légèreté doit-on élever l'encolure par le ramener. Le centre de gravité étant plus près des propulseurs, ceux-ci en disposent mieux et les antérieurs sont plus libres. » (Saint-Phalle.)

« La mise en main ne donne d'effets utiles qu'avec l'encolure haute, avec l'encolure basse, elle enseigne simplement au cheval à se soustraire aux exigences de son cavalier. » (Le Bon.)

Nous avons vu dans un chapitre précédent que le relèvement

de l'encolure concordant avec l'engagement des postérieurs constitue la deuxième phase du redressage du cheval barbe tel que je le comprends; le but de la première phase étant de redonner au cheval son équilibre naturel et de le mettre sur les épaules (défaut inverse).

Dans ce chapitre, je m'efforcerai de préciser les effets du relèvement de l'encolure et de faire ressortir toute son importance. « Le dressage du cheval, dit Le Bon, est fort avancé quand on a obtenu le placement convenable de l'encolure et de la tête. »

Le relèvement de l'encolure produit des effets très distincts : sur le centre de gravité du cheval, sur ses allures, sur sa domination.

1° *Le changement de position de l'encolure déplace le centre de gravité du cheval.* — « L'encolure est incontestablement le facteur le plus important des déplacements de l'équilibre. Si le cheval veut ralentir, quelles que soient son allure et sa vitesse, il relève son encolure afin de produire le recul du centre de gravité et par conséquent de diminuer l'entraînement de sa masse. » (Saint-Phalle.)

Les expériences faites par le général Morris et par Baucher, confirmées par celles du capitaine Dumas, démontrent que les deux tiers du poids du cavalier sont supportés par l'avant-main du cheval.

« Le cheval à l'état naturel, — écrit Le Bon — se porte surtout sur l'avant-main. Il exagère encore cette tendance quand il supporte le poids d'un cavalier, ce qui diminue sa solidité et l'expose aux chutes en avant. En relevant l'encolure — lisons-nous plus loin — on peut diminuer d'une vingtaine de kilos cette surcharge. Le poids du cavalier ne produit donc pas une simple surcharge, mais aussi une rupture de l'équilibre naturel existant entre l'avant-main et l'arrière-main du cheval, etc... Donc par le fait qu'un cheval est monté il n'y a plus chez lui d'allures naturelles. Le cheval cherchera l'attitude la moins gênante momentanément, sans se préoccuper de ses inconvénients futurs. Il imitera le conscrit sur le dos duquel on place un sac et qui, si on le laissait faire, se pencherait en avant pour se soulager sans songer aux conséquences lointaines de l'inclinaison

de la colonne vertébrale, de la compression des viscères, etc...
Il faut que le chef chargé de dresser le conscrit auquel l'expérience a enseigné les meilleures attitudes à adopter vienne les lui enseigner.

« Il en est de même pour le cheval : on doit lui enseigner à rectifier son équilibre. Si nous ne lui apprenons pas, nous aurons bientôt un animal habitué à charger son avant-main, etc... il n'échappera pas à une usure prématurée des membres antérieurs qui réduira considérablement la durée de son service. »

Il est donc nécessaire d'équilibrer le cheval si l'on veut qu'il soit maniable et que les antérieurs ne s'usent pas prématurément. Ce résultat ne peut être obtenu que par le relèvement de l'encolure qui aura pour effet de décharger l'avant-main et de répartir à peu près également sur celui-ci et sur l'arrière-main le poids du cheval monté.

« En relevant l'encolure et en fléchissant la tête, le poids de l'avant-main est reporté sur le centre et l'arrière-main de l'animal. » (Le Bon.)

Les expériences faites par le général Morris et par Baucher en 1835 et celles faites par le général Morris et par Bellanger, vétérinaire en premier des Guides, indiquent de façon indiscutable les effets produits sur le centre de gravité du cheval par le relèvement de l'encolure. Le tableau ci-dessous résume ces expériences.

Expériences faites par le général Morris et par Baucher :

Le cheval, tenu dans un état complet d'immobilité, est placé chacun des deux bipèdes, antérieur et postérieur, sur les plateaux de deux bascules.

Suivant les opérations effectuées, les poids enregistrés sont les suivants :

Avant-main	Arrière-main	Total	Différence en plus de l'avant-main
210 kg.	174 kg.	384 kg.	36 kg.

La tête du cheval baissée, le nez à hauteur du poitrail :

Avant-main	Arrière-main	Total	Différence en plus de l'avant-main
218 kg. (+8)	166 kg. (— 8)	384 kg.	52 kg.

La tête relevée, le bout du nez à hauteur du garrot :

Avant-main	Arrière-main	Total	Différence en plus de l'avant-main
200 kg. (— 10)	184 kg. (+ 10)	384 kg.	16 kg.

La tête étant dans sa position première mais ramenée sur l'encolure, par l'action du filet en l'élevant un peu :

202 kg. (— 8)   182 kg. (+ 8)   384 kg.   20 kg.

Plus la tête est élevée, du moins par l'action de la main, plus son poids et celui de l'encolure sont également répartis sur les extrémités, *si toutefois la position n'est pas forcée.*

Baucher étant monté sur le cheval, son poids de 64 kilos était réparti de la façon suivante : 41 kilos sur l'avant-main, 23 kilos sur l'arrière-main :

251 kg. (+ 41)   197 kg. (+ 23)   448 kg.   54 kg.

Baucher étant assis davantage, le haut du corps en arrière, 10 kilos de son poids passèrent sur l'arrière-main du cheval, puis ramenant la tête du cheval suivant sa méthode, il surchargea encore l'arrière-main de 8 kilos :

233 kg. (— 18)   215 kg. (+ 18)   448 kg.   18 kg.

2° *Le relèvement de l'encolure a une grande influence sur les allures.*

« Avec le nouvel équilibre donné par le dressage le cheval modifie entièrement ses allures. Au lieu d'un pas traînant, d'un trot sec et court, d'un galop dur et précipité, il a un pas rapide et cadencé, un trot allongé sans réactions désagréables, un galop très doux dont la vitesse est exactement graduée par la volonté de celui qui le monte. Ainsi, le cheval travaille sans contraction inutile, sans gêne, sans perte de forces; il produit par conséquent le maximum d'effet utile avec la moindre dépense possible de forces. » (Le Bon.)

Il est absolument évident que le relèvement de l'encolure contribue à donner au cheval des allures brillantes, élevées, et que « les allures courtes et relevées sont mères des allures allongées. Pour avoir des allures rapides et aisées, il est indispensable que le cheval soit assoupli par une gymnastique spéciale aux petites allures, équilibré. » (Le Bon.)

Je crois intéressant de communiquer quelques notes sur les différentes directions de l'encolure extraites de *L'extérieur du Cheval*, de Goubeaux et Barrier.

Indépendamment des formes particulières qu'elle affecte, l'en-

colure peut avoir trois directions : verticale, horizontale, intermédiaire oblique à 45°. Sur la figure 59, M N représente l'épaule,
O B, O A, O C l'encolure, B M, A M, C M les muscles supérieurs
de l'encolure et B N, A N, C N le mastoïdo-huméral.

1° *Position verticale.* — La tête est légère à la main, les mouvements de l'épaule sont étendus, le mastoïdo-huméral (B N)
à une grande longueur et partant une grande étendue de contraction pour soulever l'angle scapulo-huméral et faire largement
entamer le terrain au membre antérieur; de plus, le poids de la

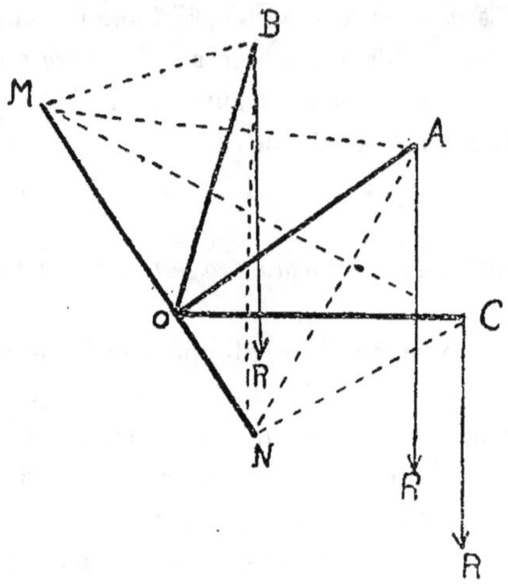

Fig. 59. — Schéma des différentes positions de l'encolure et de leur influence sur les allures.

tête B R s'insère à l'extrémité du levier cervical sous un angle
très aigu avec une incidence qui diminue l'intensité de cette
résistance. Voilà pourquoi les sujets qui portent l'encolure dans
cette attitude sont légers à la main, puisque la tête semble moins
peser sur la tige cervicale en raison de l'incidence peu perpendiculaire de sa ligne de gravitation. Cette insertion est très favorable aux muscles extenseurs (B M) pour résister au poids de la
tête et la porter en arrière afin de dégager les antérieurs.

2° *Position horizontale.* — Elle est le propre des chevaux peu
énergiques, des races communes et qui commencent à se fatiguer; ils sont pesants à la main et ont des allures raccourcies.

Le mastoïdo-huméral C N a moins de longueur et une faible
étendue de contraction, son insertion sur l'épaule est plus perpendiculaire que précédemment, d'où plus favorisé sous le rapport de son action. La ligne de gravitation de la tête C R tend à
se rapprocher de plus en plus de la perpendiculaire au levier cervical, ce qui donne à la résistance qu'elle représente une intensité plus considérable, ce qui explique les chevaux lourds à la
main ; la tête déplace le centre de gravité en avant et dégage les
postérieurs.

3º *Position intermédiaire oblique à 45º.* — C'est le juste milieu.
Le cavalier expérimenté doit chercher à soustraire à sa monture la propriété de son balancier cervical ; le cheval ainsi aura
abdiqué, à son insu, entre les mains du cavalier, le gouvernail
ou la puissance dont il disposait. Le moyen indispensable pour
commander l'équilibre est d'être maître de l'encolure.

Ces quelques notes montrent la grande influence produite
sur les allures par le relèvement de l'encolure. Ce relèvement
du balancier agit directement sur le jeu de l'angle scapulo-huméral, sur le geste de l'épaule, au moyen du muscle mastoïdo-huméral, qui est capable de plus ou moins de puissance de contraction, suivant la position de l'encolure.

L'encolure étant relevée, si le cheval ne projette pas ses épaules suffisamment haut et en avant, c'est parce que les hanches
ne les poussent pas assez. « Si les épaules s'étendent mal, écrit
le général L'Hotte, c'est parce que les hanches ne les chassent
pas bien. Les hanches, ce foyer des forces impulsives, qui doivent s'animer, vibrer sous la plus légère pression des talons,
ne sont pas suffisamment agissantes, diligentes suivant l'expression de la Guèrinière ».

*Le relèvement de l'encolure doit donc s'accompagner toujours
de l'engagement des postérieurs sous la masse.*

« L'engagement des postérieurs est essentiel ; si l'on se bornait
au simple relèvement de l'encolure avec la main, on arriverait
très vite à écraser l'arrière-main du cheval et à provoquer cet
éloignement des membres postérieurs observé souvent sur les
chevaux de voiture, dont l'encolure est maintenue par un enrê-
nement artificiel. » (Le Bon.)

Il faut déplacer en arrière le centre de gravité, mais sans déplacer le « foyer locomoteur ». Tandis que l'on cherche à relever l'encolure, il est nécessaire « d'allumer » le « foyer locomoteur ».

La mise en main — écrit le capitaine de Saint-Phalle — comporte naturellement « la souplesse absolue de tout le cheval et l'engagement des propulseurs : la souplesse pour rendre possible le changement immédiat de l'équilibre; l'engagement des propulseurs pour les rendre maîtres de la masse et leur permettre de l'actionner suivant la nouvelle position du centre de gravité ».

3º *Le relèvement de l'encolure place forcément le cheval sous la domination du cavalier.*

Le relèvement de l'encolure a une très grande influence, non seulement sur l'équilibre du cheval et sur ses allures, mais encore sur sa domination.

« Ce relèvement — écrit fort justement Le Bon — constitue à mes yeux un des points fondamentaux de l'équitation, le meilleur moyen de régler à volonté la vitesse du cheval, et d'abréger immensément la durée du redressage. »

Le capitaine de Saint-Phalle se contente de dire qu'il est exact que « l'extension de l'encolure permet la rapidité de l'allure, tandis que son élévation l'empêche », mais je n'ai vu nulle part qu'il ait cherché à en déterminer la cause.

Le poids rejeté en arrière du fait du relèvement de l'encolure, la position de la tête qui s'ensuit et qui permet au mors d'agir avec son maximum d'efficacité, ainsi que l'explication donnée par Goubeaux et Barrier : la tête semble moins peser sur la tige cervicale en raison de l'incidence de sa ligne de gravitation, tassement des vertèbres ou mobilisation de points d'insertion de certains muscles, effet moral de la mise en main, ne me semblent pas être *les causes* du ralentissement forcé et de la domination absolue du cheval qui a l'encolure ainsi placée.

Je crois que la cause de cette domination se trouve dans la *décontraction des groupes de muscles supérieurs de l'encolure,* décontraction produite par le fait même de son *complet* relèvement.

Le Bon, lui aussi, indique comme cause possible de cet effet de domination produit par la mise en main encolure relevée, la décontraction des muscles de l'encolure : « Ces effets (de la mise en main) écrit-il, tous les écuyers ont pu les constater; mais, quant à leur explication scientifique, je la cherche encore. A peine pourrait-on dire des défenses qu'étant précédées d'une contraction générale des muscles de l'encolure et de la fixité de la colonne vertébrale, la mise en main les empêche en assurant la décontraction de l'encolure et par conséquent, la mobilisation d'une partie de la tige rigide formée par la colonne vertébrale. Mais cette explication superficielle, très suffisante pour un écuyer, est très insuffisante pour un physiologiste. »

Les explications que je vais donner à ce sujet me semblent en tout cas très logiques, et me suffisent parfaitement; il est vrai que je ne suis qu'un simple petit cavalier ni physiologiste ni écuyer...

Que fait un homme qui veut fournir un effort?

Il fait d'abord une profonde aspiration, puis il «bloque» sa cage thoracique et sa colonne vertébrale, dont il fait un tout rigide et immobile; ensuite, il produit l'effort.

Les muscles s'insérant sur le tronc ou sur les parties qui lui sont attachées, c'est la colonne vertébrale et le thorax qui sont le point fixe et immobile sur lequel viendront s'arc-bouter les muscles qui ont à se contracter pour la production de l'effort. Celui-ci viendra en quelque sorte s'appuyer sur ce bloc fait de contractions qui peut très bien se comparer à la butée fixe nécessaire à un ressort pour qu'il puisse être bandé et produire son effet. Pour pouvoir faire un effort, les muscles ont un besoin absolu de ce point fixe, de cette contraction préalable des muscles expirateurs et vertébraux sur laquelle ils viennent prendre appui.

Au départ d'un « cent mètres », avant de projeter en avant le poids de sa masse déséquilibrée, le « sprinter » fait une profonde aspiration et bloque son thorax et sa colonne vertébrale sur lesquels se bandent tous ses muscles; pendant l'effort, ceux-ci s'arc-boutent sur ce noyau central de contractions, si j'ose dire. L'athlète maintiendra ces contractions le plus longtemps possible,

et s'il est obligé de relâcher ses muscles expirateurs pour renouveler l'air de ses poumons avant la fin de l'effort, il le fera très
vite de façon à rétablir au plus tôt ce bloc rigide, point fixe nécessaire à la production de tout effort violent. Il sait très bien qu'il
ne peut faire effort que lorsque sa respiration est suspendue.
Ainsi donc, l'effort n'est qu'intermittent ou est diminué d'instant à autre pour qu'il puisse s'opérer une expiration et une
inspiration; c'est ce qui explique que, même à force musculaire
égale, celui-là produit l'effort le plus considérable qui peut le plus
longtemps retenir sa respiration.

Il est aisé de se rendre compte que le cheval n'agit pas autrement quand il fournit un effort violent et soutenu. Quand on
monte un cheval dans un steeple, par exemple, en faisant attention on perçoit très bien les profondes et rapides expirations
qu'il fait de temps en temps pendant le parcours; on se rend
compte qu'il se dépêche de fixer à nouveau colonne vertébrale
et thorax qu'il tient bloqués le plus longtemps possible.

Ainsi que l'homme, le cheval a besoin de faire précéder l'effort de cette contraction thoracique et vertébrale; étant donnée
sa constitution, je dirai même qu'il a besoin surtout de bloquer
son encolure pour fournir un appui solide aux muscles qui action-
nent les membres antérieurs et les épaules. Avant de sauter,
par exemple, le cheval s'empare de la main de son cavalier; il
allonge son encolure et la contracte dans cette position pour
offrir le point fixe indispensable aux ressorts qui font jouer les
épaules. Pendant les efforts que le cheval fournit dans une course,
il a la colonne vertébrale rigide et contractée; ainsi, non seulement un appui ferme est donné aux muscles qui tirent sur le
scapulum et sur l'humérus, mais encore l'encolure ayant sa plus
grande longueur, ces muscles peuvent agir avec leur maximum
de puissance contractive. En tendant son rachis le cheval en
supprime aussi toutes les courbures et offre une colonne d'appui plus solide à l'effort de traction des muscles : les vertèbres
cervicales étant alors placées dans leur prolongement les unes
par rapport aux autres. Les observations qui peuvent être faites
sur des chevaux qui fournissent un effort important confirment
ce qui précède.

La seule position de l'encolure compatible avec la contraction générale de ses muscles est la position allongée un peu au-dessus de l'horizontale.

Le cheval en tous les cas ne pourra produire un effort violent que s'il peut contracter sa colonne vertébrale.

Empêchez cette contraction, vous détruisez le tremplin d'où s'élance l'effort brusque et violent, ou plus exactement vous le rendez souple et élastique. Le cheval se trouve alors dans la situation d'un sauteur ou d'un coureur qui voudraient prendre appui sur un sommier métallique pour bondir ou s'élancer en avant. Malgré la détente énergique des jarrets, ils n'obtiendraient que de faibles résultats dans le saut ou le départ brusque. Et il est à prévoir que dans ces conditions, sauteur, cheval ou bien coureur ne persisteront pas longtemps à dépenser des efforts dont ils auront constaté l'inanité. Le cheval sera alors dominé, soumis, car on lui aura enlevé la possibilité de produire tout effort brusque et violent.

Ceci explique pourquoi un cheval peureux qui fait des écarts, des bonds, devant un objet qui l'effraie, passera docile et transformé près du même objet quand il sera en main l'encolure relevée.

Il est évident que l'encolure relevée est incompatible avec la contraction générale de ses muscles; la forme arrondie du bord supérieur de l'encolure du cheval placé l'encolure relevée indique en effet que les muscles de cet endroit qui épousent et permettent la forme générale du rachis sont décontractés, puisque curvilignes. S'ils se contractaient, ils se redresseraient, deviendraient rectilignes, avant de pouvoir rapprocher les pièces osseuses sur lesquelles ils sont attachés; l'encolure prendrait alors cette position rigide voisine de l'horizontale, la plus favorable à l'effort violent; ou bien, la contraction des muscles supérieurs s'accentuant, l'encolure pourrait même se renverser. Encolure relevée est donc synonyme d'encolure décontractée et, ainsi placée, elle ne présente pas un appui suffisamment ferme pour la défense ou l'effort violent.

C'est dans ce point d'appui enlevé à l'effort, dans ce tremplin rendu élastique par le relèvement du balancier que je trouve l'explication de cette expérience signalée par Le Bon dans ses très intéressantes études photographiques :

« De l'influence du relèvement de l'encolure sur la réduction de l'amplitude des oscillations et *sur la suppression de la période de suspension au galop* ».

L'encolure et la colonne vertébrale étant très souples et décontractées sont dans l'impossibilité de fournir le point fixe nécessaire à l'effort qui projette la masse au-dessus du sol : le temps de suspension est supprimé; le cheval est forcé de conserver avec le sol un contact permanent.

§ 2. — *Il y a deux sortes d'encolures relevées.*

Nous venons de voir les différents effets produits par le relèvement de l'encolure sur l'équilibre du cheval, sur ses allures et sur sa domination. Mais je ne saurais trop insister sur ce fait, à mon avis d'une importance capitale, qu'il y a deux élévations de l'encolure : l'encolure relevée et l'encolure renversée. Leur différence est souvent marquée d'insuffisante façon.

Je désignerai ces deux positions élevées de l'encolure par les expressions : encolure renversée et élévation complète de l'encolure.

Le chapelet des vertèbres cervicales dessine dans son ensemble deux courbes, l'une antérieure concave, l'autre postérieure convexe (par rapport à un observateur placé devant le cheval). L'absence d'apophyses épineuses des vertèbres cervicales fait que celles-ci peuvent jouer aisément les unes sur les autres dans n'importe quelle direction, ce qui permet à l'encolure de prendre les inflexions les plus variées (fig. 60).

a) *Encolure renversée.* — L'encolure renversée est une élévation incomplète de l'encolure; la partie antérieure seule est relevée; ce relèvement partiel s'accompagne toujours de l'affaissement de la partie postérieure; le mot « renversé » est bien celui qui convient à cette position défectueuse. C'est la position d'encolure des chevaux qui portent au vent, des chevaux acculés, des chevaux barbes en action avant leur redressage (fig. 61).

J'insiste sur ce point : le cheval qui porte au vent n'a pas l'encolure relevée comme il convient ; la tête est haute, mais la *partie « fondamentale » de l'encolure est affaissée.* C'est ce qui m'a fait dire que « le port au vent » et l'encapuchonnement procèdent

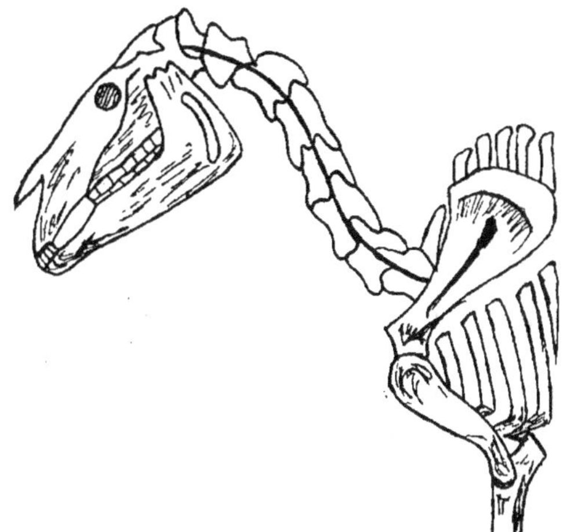

Fig. 60. — Squelette de l'encolure.

du même défaut : dans ces deux positions d'apparence opposée il y a affaissement de la base de l'encolure (fig. 61).

Je n'ai vu nulle part que Baucher ait signalé ce fait, mais il

Fig 61. — Schéma des différentes positions de l'encolure.

est vraisemblable qu'il s'en soit rendu compte, car il combat ces deux défauts par le même moyen : l'élévation du bout du nez à hauteur des oreilles et le reculer la tête haute :

« Plus le cheval porte au vent, *plus il est nécessaire de lui rele-*

ver le bout du nez à hauteur des oreilles. Quant aux chevaux qui s'encapuchonnent, cette attitude disparaît en insistant sur le reculer la tête haute. »

Le capitaine de Saint-Phalle que j'ai eu tant de plaisir à étudier, attribue au même vice ces deux positions défectueuses de l'encolure : le défaut d'impulsion. « Les chevaux qui s'encapuchonnent sont ceux qui au lieu de prendre le contact de la main lorsque les jambes les y incitent, rouent l'encolure dès qu'ils sentent le mors pour en refuser l'appui et reculent la bouche jusqu'à amener le chanfrein en arrière de la verticale.

« Le fait de refuser de se porter sur la main et d'en prendre le contact avec l'énergie voulue par les jambes, *n'est autre chose que* le manque d'impulsion. Donc, pour guérir le cheval qui s'encapuchonne, il n'y a qu'à l'amener à se porter en avant à la demande des jambes; pour en venir là, il ne faut pas hésiter à donner à leur action la plus grande intensité possible et à la corroborer au besoin par la cravache » (Saint-Phalle).

Le cheval qui porte au vent ou qui ne peut se servir de son encolure à cause d'une main trop haute, trop brutale, ou d'un mors trop dur, tente de réduire le plus possible la courbure antérieure de son balancier; il peut même arriver qu'il l'inverse, et elle se confond alors avec la courbure postérieure convexe, l'encolure est bien renversée.

Les efforts que fait le cheval dans cette position gênante pour reporter en avant le poids qui comprime ses jarrets, ont pour effet de courber davantage la portion de cercle postérieure dont le centre tend à se déplacer vers le bas et le plus en avant possible. Le cheval « avance la ceinture » à sa manière en poussant en avant la partie postérieure de son encolure et celle-ci se casse alors, comme nous l'avons vu, le plus en avant possible. Le poids de la tête qui appuie sur la tige cervicale renversée accentue encore cette position ruineuse pour le cheval.

Sur toutes les photographies de chevaux portant au vent, il est nettement visible que le bord inférieur de l'encolure est convexe par rapport à l'observateur placé devant le cheval. Cette forme est donnée par la tige osseuse sur laquelle sont appliqués les muscles de cette région.

b) *Élévation complète de l'encolure.* — C'est donc à la partie postérieure de l'encolure que doivent s'adresser les mots « relèvement » et « affaissement », c'est la seule qui importe car *la direction de la base commande celle du faîte.*

Cette élévation *complète* de l'encolure est celle recherchée par tous les écuyers; elle est exactement l'opposé de l'encolure renversée, car dans l'élévation complète la partie postérieure de l'encolure est relevée.

L'élévation complète de l'encolure est la position du cheval bien placé, équilibré, soumis, décontracté, souple et léger aux jambes comme aux mains; c'est cette position relevée à partir de la base qu'il faut rechercher; nous verrons plus loin comment il est possible de l'obtenir complète et vite.

Gustave Le Bon n'a pas remarqué la différence « fondamentale » qui existe entre ces deux positions d'encolure. « Le cheval portant le nez au vent — écrit Le Bon ([1]) relève en même temps son encolure. Il faut donc abaisser sa tête et bien se garder de modifier la position de son encolure. » Il faut au contraire modifier profondément cette position si l'on veut arriver à placer convenablement le cheval qui porte au vent; il faut rendre total un relèvement qui n'est que partiel.

Du livre même de Gustave Le Bon nous tirerons des arguments propres à renforcer les idées précédentes.

Du ralentissement forcé de l'allure par le relèvement de l'encolure, « j'ai même tiré, dit Le Bon, des règles pratiques extrêmement simples qui, avec les trois quarts des chevaux (*le quart faisant peut-être exception comprend les chevaux à encolure dite renversée*), permettent d'éviter l'emballement et de régler le trot et le galop absolument à la vitesse qu'on désire ».

Pourquoi donc ce quart fait-il exception?

— Parce que les chevaux qui portent au vent *n'ont pas l'encolure complètement relevée.* Parce que, dans cette position, la *partie importante* du balancier demeure affaissée, *exactement comme si le cheval était encapuchonné.* Ce relèvement partiel de l'encolure reste sans effet sur le centre de gravité, parce que le cheval, en

---

([1]) *L'équitation actuelle et ses principes* (Flammarion).

même temps qu'il porte sa tête en arrière, *pousse en avant sa
« ceinture »* qui est plus lourde et qui l'emporte.

Et Le Bon de continuer : « C'est probablement parce que, quoi
qu'on fasse, l'encolure prend toujours un peu de jeu chez les
chevaux à encolure renversée, que l'exagération du relèvement
de l'encolure n'agit pas chez eux et ne peut empêcher l'emballement. Le capitaine Dumas est cependant convaincu, d'après ses
expériences et contrairement à l'opinion généralement reçue, que
l'emballement avec l'encolure renversée n'est possible que parce
que cette encolure ayant beaucoup de jeu, *paraît fixée à son maximum d'élévation alors qu'elle ne l'est pas.* Si on la fixait suffisamment, l'emballement resterait, suivant lui, impossible. »

C'est l'affaissement de la partie postérieure de l'encolure qui
rend inopérant le relèvement de sa partie antérieure. Seul, le
relèvement *de la base* peut agir de façon péremptoire sur le centre de gravité, le reste de l'édifice étant absolument soumis à sa
direction comme la trajectoire à l'inclinaison du canon; seul
aussi, le relèvement de la base de l'encolure provoque sa décontraction.

Il est exact que l'encolure renversée, se trouvant dans une
situation comparable à celle d'une colonne dont la base repose-
rait sur un sol mouvant, peut prendre « un peu » ou « beaucoup
de jeu », mais ceci n'est qu'une conséquence, la cause est l'*affaissement de la partie fondamentale de l'encolure* post hoc ergo
propter hoc.

La position défectueuse de l'encolure renversée doit donc être
profondément modifiée.

Pour donner à l'encolure du cheval qui porte au vent une
bonne position relevée, il faut *commencer* par relever sa partie
postérieure; ensuite, presque de lui-même, le reste s'infléchira
tandis que se décontracteront les muscles et que la tête se pla-
cera. Il ne restera plus alors qu'à s'occuper de l'articulation de
la mâchoire.

Je trouve naturel, dans le cas spécial de redressage qui nous
occupe, d'assouplir et de placer chacune de ces trois articulations
principales du « bout de devant », dernières vertèbres cervicales,
nuque, mâchoire, dans leur ordre de rapprochement de la masse;

de préparer la base avant de s'occuper du faîte. Il vaut mieux, je crois, débuter par l'articulation qui présente le maximum de fermeté d'appui et placer ensuite les autres articulations qui viendront se superposer en quelque sorte à celles précédemment placées. Je préfère ce procédé à celui généralement pratiqué et qui est enseigné par le Manuel d'équitation et de dressage pour obtenir le placer; commencer par l'assouplissement de la mâchoire qui doit amener le ramener et l'élévation de l'encolure. En tout cas, dans le redressage qui nous occupe, l'encolure péchant *par sa base*, je trouve plus rationnel de s'attaquer premièrement et sans détours à cette partie, de redresser d'abord ce défaut initial, de donner à la masse de l'encolure une bonne direction relevée à partir du garrot avant de s'occuper de l'articulation atloïdo-occipitale et de l'articulation maxillaire.

Il semble que Saint-Phalle ait adopté cet ordre pour placer l'encolure : « Le jeu de l'articulation du garrot dans le ramener — écrit-il — donne déjà à l'encolure une certaine souplesse, mais elle serait insuffisante, et même fortement compromise, si les articulations avoisinantes étaient contractées. *Il faut donc qu'au jeu de cette articulation se joigne* celui de la nuque et celui de la mâchoire.

CHAPITRE IV

COMMENT PLACER L'ENCOLURE PAR DES MOYENS DÉDUITS
DE SON ÉTUDE ANATOMIQUE

§ 1. *Étude anatomique de l'encolure.* De la nécessité de cette étude. Notions générales sur les muscles. Étude des muscles de l'encolure.

§ 2. *Comment placer l'encolure.* La tonicité musculaire est susceptible de varier en plus ou en moins. Muscles à travailler en contraction ou en élongation; ordre dans lequel les muscles doivent être travaillés. Effets produits par le reculer la tête haute. Le ramener par impulsion.

§ 3. *Réflexions sur l'art équestre.* « L'équitation n'est pas une science, c'est un art » ou bien : « l'équitation est un art scientifique ». Conséquences de ces deux conceptions.

§ 1. *Étude anatomique de l'encolure.*

> « Les lois de la mécanique s'appliquent aussi bien aux moteurs animés qu'aux autres machines. » (J. Marey.)
>
> « Dans l'économie animale, les forces sont représentée par les muscles, les leviers par les os. » (Goubeaux et Barrier.)

On ne peut comprendre le jeu et les usages d'une machine sans l'avoir d'abord analysée, c'est-à-dire sans avoir étudié les pièces, les rouages qui la composent, la forme de ces rouages et leur mode d'agencement.

Il en est de même de l'encolure. Puisque nous voulons lui donner une position autre que naturelle, il est nécessaire d'étudier son anatomie.

Quand nous connaîtrons cette machine compliquée que représente l'encolure, nous pourrons l'employer avec intelligence et l'exploiter raisonnablement en mécaniciens instruits. Nous déduirons aussi de cette étude les moyens d'agir sur l'encolure avec précision et efficacité pour arriver à la plier et à la faire fonctionner suivant notre vouloir.

Les moyens empiriques peuvent suffir, mais l'empirisme, incapable de fournir des données précises, irréfutables, n'a jamais engendré de sérieux progrès. L'empirisme ne peut pas non plus produire des pédagogues; il ne forme que quelques bons exécutants, et encore n'arrivent-ils souvent à ce point que tard, quand ils n'ont plus à professer.

En tripotant insciemment des machines complexes, on ne parvient souvent qu'a bien les détraquer... Pour partir sur le bon pied, toute étude sur l'encolure, son placer, son assouplissement, doit débuter par son étude anatomique.

Avant d'étudier l'anatomie de l'encolure, je crois utile de rappeler quelques notions générales sur les muscles.

Plus un muscle est gros, c'est-à-dire plus sa surface de section est étendue, plus il est susceptible d'un effort considérable; mais d'autre part, un muscle ne se raccourcit qu'en raison de sa propre longueur. On peut estimer qu'en moyenne, le raccourcissement du muscle en contraction est d'un tiers de sa longueur au repos. Il suit de là que le travail d'un muscle sera proportionnel à la fois à la longueur et à la section transversale de ce muscle, c'est-à-dire à son volume ou à son poids. S'il est gros et court, il devra produire un grand effort multiplié par un faible parcours; s'il est long et grêle, il aura un parcours très étendu, mais ne développera qu'un effort peu énergique.

Le tissu musculaire est doué d'extensibilité et d'élasticité, mais un muscle n'a qu'une puissance : contractile. Il se relâche pour revenir à sa position normale, mais il n'a pas de puissance extensible capable de redresser une articulation; c'est son antagoniste qui le redresse en se contractant.

Contractilité ou extensibilité peuvent être augmentées par une gymnastique appropriée au but visé. Un muscle se contracte d'autant mieux et avec d'autant plus d'efficacité que l'élasticité de son antagoniste est plus développée.

Extenseurs et fléchisseurs antagonistes ne se maintiennent en équilibre qu'en vertu de l'état permanent de tension dans lequel ils restent tant qu'ils sont soumis à l'influence du système nerveux, de la tonicité musculaire.

« Les muscles rectilignes ont pour effet immédiat de rapprocher les pièces osseuses sur lesquelles ils s'attachent. Le premier résultat produit par la contraction d'un muscle curviligne est le redressement de ses fibres composantes; après quoi, il peut agir sur les leviers osseux comme les muscles rectilignes s'il n'a pas épuisé tout son pouvoir contractile » (¹).

Les vertèbres cervicales étant dépourvues d'apophyses épineuses, leur jeu les unes sur les autres est peu limité par celles-ci; il l'est surtout par les ligaments cervicaux et le degré de flexion ou d'extension dont sont capables les muscles qui s'y insèrent. Le grand développement d'apophyses articulaires et la courbe très brève décrite par les surfaces de contact des corps vertébraux permettent au rachis des mouvements très étendus et très variés.

Les livres dont je me suis servi pour l'étude des muscles de l'encolure sont le « Traité d'anatomie comparée » de Chauveau et l'Anatomie régionale des animaux domestiques de L. Moutané et E. Bourdelle.

Pour simplifier, je ne mentionnerai que les muscles les plus importants et j'indiquerai leurs insertions afin que nous puissions en déduire les fonctions de chacun d'eux.

Nous diviserons l'encolure en deux parties : région supérieure (A), et région inférieure (B).

A) Région supérieure

Les principaux muscles de cette région sont :

1º *La portion cervicale du trapèze :* Le trapèze est situé sur les côtés de l'encolure et du garrot. Sa forme est celle d'un triangle à base dirigée en haut. Insertions : il se fixe par son aponévrose supérieure sur la corde du ligament cervical et sur le sommet des apophyses épineuses des premières vertèbres dorsales. Par son aponévrose inférieure, il s'attache sur la tubérosité de l'épine acromienne et sur l'aponévrose scapulaire externe. — Fonction — Élève l'épaule (fig. 68).

2º *Le rhomboïde* (fig. 62).

Placé sous la corde du ligament cervical dont il suit la direction, il a la forme d'un triangle très allongé. — *Insertions :* Ses faisceaux sont fixés par leur extrémité supérieure sur la portion

---

(¹) *Traité d'anatomie comparée*, de Chauveau.

funiculaire du ligament cervical et sur le sommet des apophyses épineuses des 4 ou 5 vertèbres dorsales qui suivent la première; par leur extrémité inférieure à la face interne du cartilage de prolongement de l'omoplate. — *Fonction* : il tire l'épaule en haut et en avant (fig. 63).

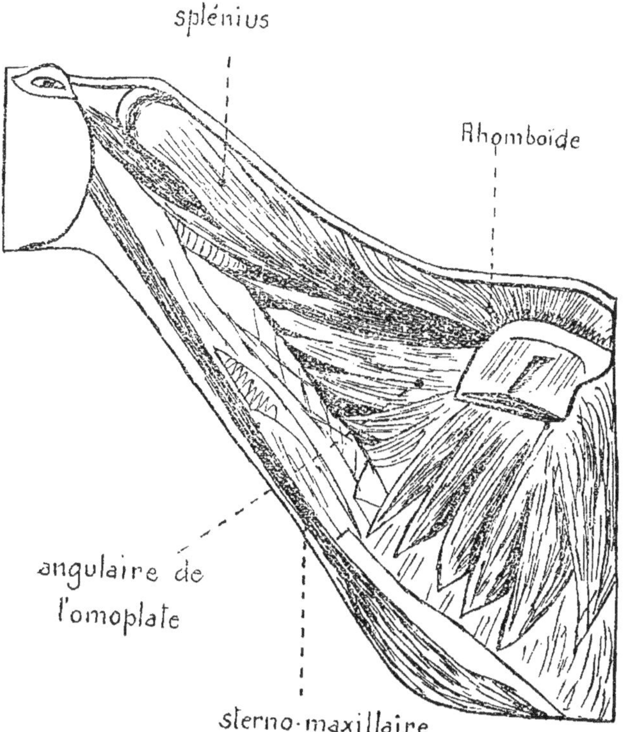

Fig. 62. — Muscles de l'encolure : splénius, rhomboïde, angulaire de l'omoplate, sterno-maxillaire.

3° *L'angulaire de l'omoplate* (fig. 62) est un muscle fort et triangulaire situé en avant de l'épaule.

Insertions. Apophyses transverses des 5 dernières vertèbres cervicales et face interne de l'omoplate. — *Fonction*. Il tire en avant l'extrémité supérieure du scapulum pendant que l'angle huméral se porte en arrière. Si son point fixe est à l'épaule, il peut opérer l'inclinaison latérale de l'encolure, et surtout le *relèvement de sa base* (fig. 63).

4° *Le splénius* (fig. 62) est un muscle considérable aplati d'un côté à l'autre, triangulaire, compris entre la corde du ligament cervical, la branche inférieure de l'ilio-spinal et les apophyses transverses des 4 premières vertèbres cercicales.

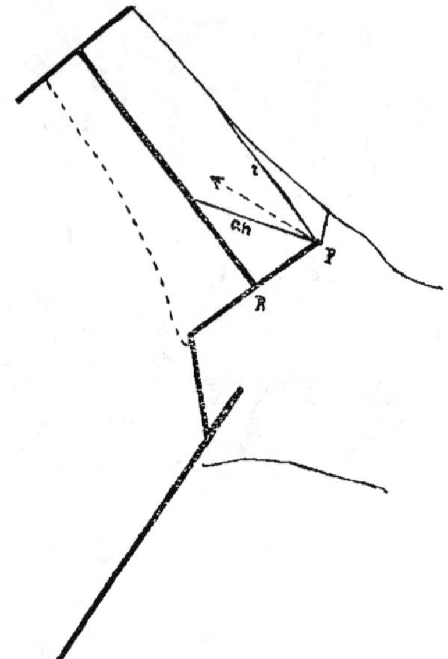

Fig. 63. — Rôle du rhomboïde (*r*) et de l'angulaire (*an*)
pendant la période d'appui du membre.

Insertions. Il se fixe par son bord supérieur sur la lèvre du ligament cervical et sur le sommet des apophyses épineuses des premières vertèbres dorsales. Son bord antérieur est découpé en 4 ou 5 languettes qui se fixent à la crête mastoïdienne, à l'apophyse transverse de l'atlas, aux apophyses transverses des troisième, quatrième et cinquième vertèbres cervicales.

Fonction. Il étend la tête et le cou en les inclinant de côté; si les deux splénius agissent de concert, l'extension de la tête est directe; c'est un « renverseur » de l'encolure (fig. 64).

5° *Le grand complexus* (fig. 65) est un muscle puissant compris entre la face interne du splénius et le ligament cervical.

Insertions. La portion postérieure prend son origine sur le sommet des apophyses épineuses des premières vertèbres dor-

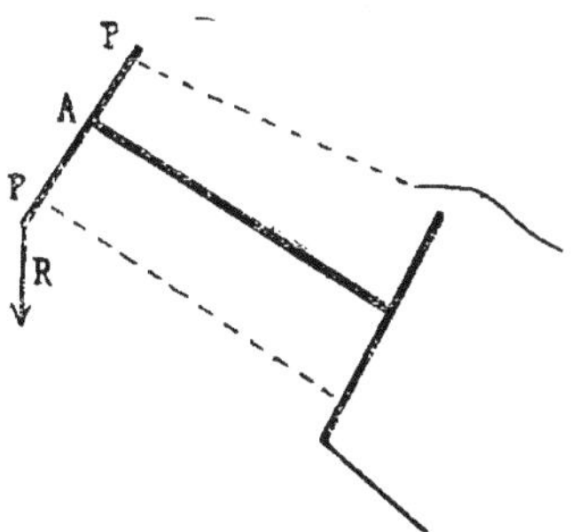

Fig. 64. — Levier des fléchisseurs et des extenseurs (levier A. P. R.) :
sterno-maxillaire, splénius, grand et petit complexus.

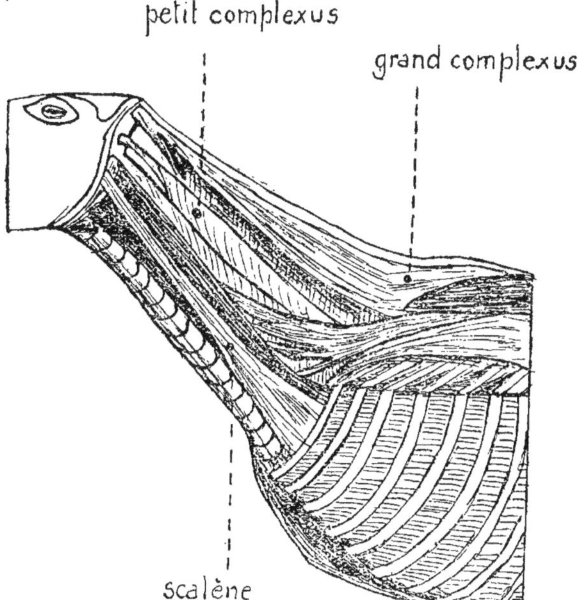

Fig. 65. — Les muscles de l'encolure (grand complexus, petit complexus, scalène).

sales et sur les apophyses transverses des 4 ou 5 vertèbres dorsales qui suivent la seconde ; la portion antérieure est fixée sur les apophyses transverses des deux premières vertèbres dorsales et sur les tubercules articulaires des vertèbres cervicales.

Fonction. « Renverseur » puissant de l'encolure (fig. 64).

6° *Le petit complexus* (fig. 65). — Il longe le bord antérieur du grand complexus. C'est un muscle long, divisé en deux corps fusiformes et parallèles.

Insertions. Attaches fixes, sur les apophyses transverses des deux premières vertèbres dorsales et sur les tubercules articulaires des vertèbres cervicales. Attaches mobiles : apophyse mastoïde du temporal et apophyse transverse de l'atlas.

Fonction. Il incline de son côté la tête et la partie supérieure de l'encolure. Il agit encore comme extenseur de la tête et « renverseur » de l'encolure (fig. 64).

B) Région inférieure

Les muscles de cette région les plus importants pour notre travail sont :

1° *Le mastoïdo-huméral* (fig. 66). — Étendu du sommet de la tête à la partie inférieure du bras, le mastoïdo-huméral est appliqué sur l'angle scapulo-huméral et le côté de l'encolure.

Insertions. Les extrémités supérieures s'attachent sur l'apophyse mastoïde, la crête mastoïdienne et sur les apophyses transverses des 4 premières vertèbres cervicales, les extrémités inférieures s'élargissent sur l'angle scapulo-huméral qu'elles enveloppent et se terminent sur l'humérus.

Fonction. Quand son point fixe est supérieur, il porte en avant le membre antérieur tout entier. Ce muscle joue donc un rôle important dans la locomotion car c'est lui qui agit quand l'animal soulève les membres du devant pour entamer le terrain. Si le point fixe du muscle est au membre, il incline de côté la tête et le cou. Si les deux agissent, ils fléchissent l'encolure (fig. 67).

2° *Le sterno-maxillaire* (fig. 62). — *Insertions.* Attaché inférieurement sur le prolongement trachélien du sternum (Insertion fixe), il est fixé supérieurement à l'angle de la mâchoire inférieure.

Fonction. Il fléchit la tête, soit directement s'il s'agit de con-

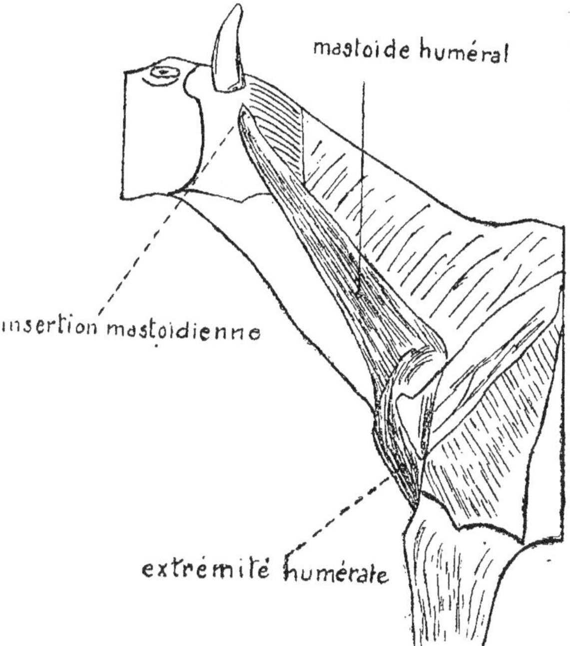

Fig. 66. — Muscles de l'encolure (mastoïdo-huméral).

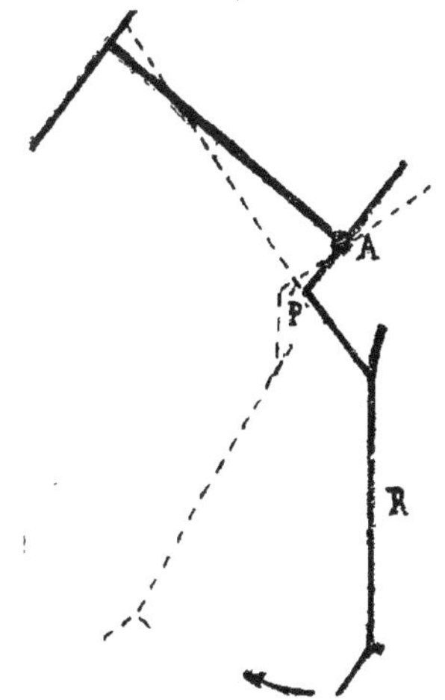

Fig. 67. — Action du mastoïdo-huméral dans les allures.
A, point d'appui ; R, résistance ; P, puissance.

cert avec son congénère, soit de côté s'il entre seul en action (fig. 64).

3° *Le scalène* (fig. 65). — Situé profondément à la partie inférieure du cou comprend deux portions d'inégale dimension.

Insertions. La portion supérieure s'attache sur les apophyses transverses des 3 ou 4 dernières vertèbres cervicales, la portion inférieure s'attache sur les apophyses transverses des 4 dernières vertèbres cervicales et sur le bord antérieur de la première côte.

Fonction. Quand le point fixe est à la première côte, ce muscle fléchit l'encolure directement ou en l'inclinant de côté. Lorsqu'il prend son point d'appui sur le cou, il tire en avant la première côte et il la fixe dans cette position, pendant la dilatation de la poitrine, pour favoriser l'action inspiratrice des intercostaux externes.

4° *Long du cou.* — C'est un muscle impair considérable recouvrant la face inférieure du corps de toutes les vertèbres cervicales et des 6 premières dorsales.

Insertions. Il s'attache à la face inférieure du corps des 6 premières vertèbres dorsales et s'insère sur le tubercule inférieur de la sixième apophyse trachélienne; d'autres faisceaux moins considérables se portent d'une vertèbre cervicale à l'autre.

Fonction. Il fléchit l'encolure toute entière et les vertèbres cervicales les unes sur les autres.

Sur la figure 68, je me suis efforcé de tracer aussi justement que mes connaissances me le permettent l'axe des principaux muscles qui nous intéressent, c'est-à-dire une ligne moyenne à laquelle on peut rapporter l'effet général de leurs fibres. Cet axe est très important pour la détermination de l'action physiologique des muscles.

§ 2. *Comment placer l'encolure.*

Par des exercices appropriés nous pouvons modifier l'état de longueur permanent des muscles. Un muscle travaillé « en contraction » deviendra plus large, mais diminuera de longueur, à la façon d'un caoutchouc qui reviendrait à sa longueur normale après avoir été étiré; un travail « en élongation » produira des effets inverses. Il est donc possible, par la gymnastique, de raccourcir un muscle en le travaillant « en contraction » ou de l'al-

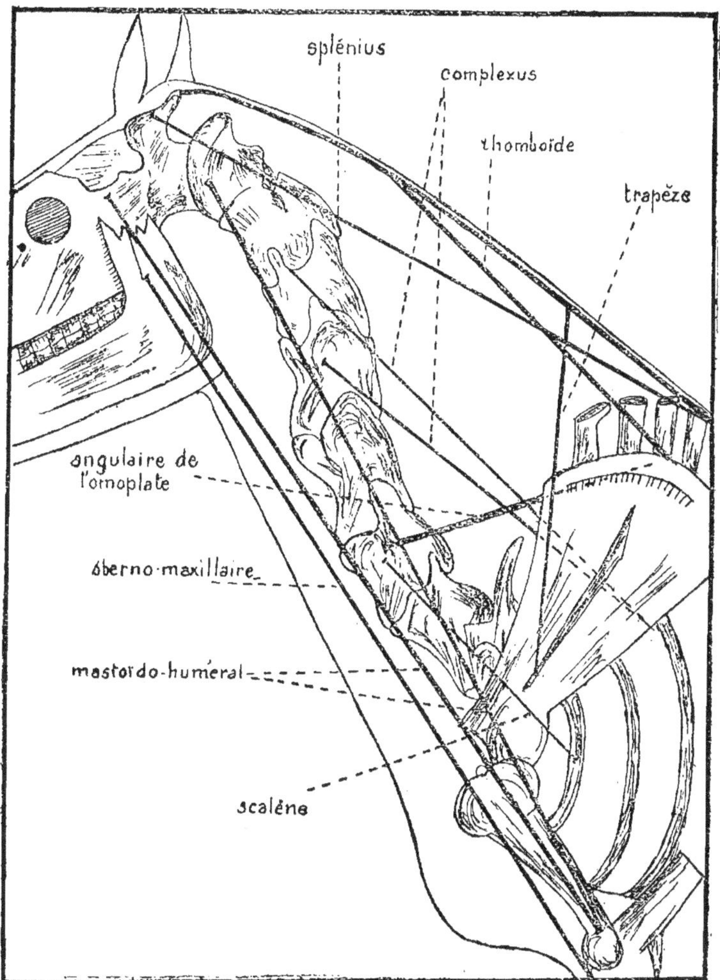

Fig. 68. — Axe des principaux muscles de l'encolure.

longer en le travaillant « en élongation » et ceci de façon non pas momentanée, mais durable. Autrement dit, la tonicité musculaire, cette sorte de demi-contraction qui réside à l'état cons-

tant dans le tissu musculaire est susceptible de varier en plus
ou en moins.

Chez l'homme, par exemple, qui travaille ses biceps en contraction, la position naturelle des bras tombant librement le
long du corps se modifie, les biceps devenant plus gros se rac-
courcissent, les bras tombant sans raideur ne sont plus droits
mais plus ou moins fléchis suivant l'intensité et la durée des exercices faits, et si cet état des biceps est maintenu par le travail,
les bras resteront fixés dans cette nouvelle position qu'ils conser-
veront naturellement.

Ceci est très apparent chez le forgeron dont le métier fait travailler en contraction les fléchisseurs du bras, son bras et ses
doigts même restent en permanence dans un état de flexion
très accentué.

Il est très possible pour un homme doué d'un peu de volonté
de modifier l'état d'une poitrine étroite et rentrée, d'un dos
vouté, d'épaules tombant en avant et de les placer de façon
durable dans une nouvelle position. Après un temps suffisant
d'une gymnastique rationnelle qui fera travailler les pectoraux
en élongation et fixera les omoplates en arrière en faisant travailler les dorsaux en contraction, les épaules resteront rejetées
en arrière, la poitrine demeurera dégagée et bombée. Si cette
nouvelle position est bien confirmée par un travail assez long,
quelques exercices de temps en temps suffiront pour la maintenir définitivement.

Par des procédés semblables, la position et la forme de l'encolure du cheval peuvent être modifiées comme celles des bras
ou des épaules de l'homme. L'encolure affaissée et renversée du
cheval barbe à redresser prendra très vite cette bonne position
complètement relevée dont nous connaissons la nécessité et les
bienfaits. Cette nouvelle position d'encolure, obtenue par une
gymnastique raisonnée de ses muscles, se maintiendra non seulement pendant le travail, dans le rassembler, mais encore au
repos, tout naturellement. La position libre, habituelle, de l'encolure sera modifiée par ce travail.

Les photographies 69 et 70 représentent le même cheval, la

première partie de son redressage étant terminée (sur les épaules — défaut inverse) et à la fin de son redressage.

Avant son redressage ce cheval, spécimen parfaitement achevé
de la production des instruments et de l'équitation arabe, avait
l'encolure complètement effondrée, toutes les caractéristiques
et tous les défauts du cheval acculé.

Connaissant la position de l'encolure défectueuse du cheval
que nous voulons redresser et en nous servant du tableau où
sont représentés les axes des muscles de la région cervicale,
nous allons pouvoir déterminer les muscles qui devront être travaillés « en contraction » et ceux qui devront l'être « en élongation » pour placer l'encolure dans une bonne position complètement relevée.

Dans les schémas ci-dessous, pour plus de clarté, nous ne repré-
senterons que le splénius, l'angulaire de l'omoplate et le mastoïdo-huméral auxquels nous confierons les fonctions de chefs
de groupe musculaire.

La composition de chaque groupe de ce gros peloton de muscles peut être ainsi fixée :

Splénius : Chef du groupe des « renverseurs » (rhomboïde,
grand et petit complexus);

Angulaire de l'omoplate : Releveur de la base de l'encolure;

Mastoïdo-huméral : Chef du groupe des fléchisseurs (sterno-
maxillaire, scalène, long du cou).

Dans la position de l'encolure renversée (fig. 71), le groupe
splénius (renverseurs) S, est contracté; l'angulaire de l'omoplate
(releveur de la base) A — et le groupe mastoïdo-huméral (fléchisseurs) M, sont élongés.

Si nous voulons corriger cette position défectueuse de l'encolure, il faudra travailler le groupe splénius-renverseurs en
élongation, l'angulaire releveur de la base et le groupe mastoïdo-
fléchisseurs en contraction.

Et nous arrivons à la bonne position, complètement relevée,
de l'encolure représentée figure 72.

Le groupe splénius élongé ne renversant plus l'encolure permet la voussure complète du rachis; l'angulaire de l'omoplate,
gros muscle très puissant, raccourci relève la base de l'encolure;

Photo 69. — Cheval barbe à la fin de la première partie de son redressage
(sur les épaules, défaut inverse).

Photo 70. — Le même cheval à la fin de son redressage.

la contraction des fléchisseurs qui vient compléter et accentuer
les résultats obtenus par la gymnastique des muscles supérieurs
de l'encolure peut produire alors son maximum d'effet.

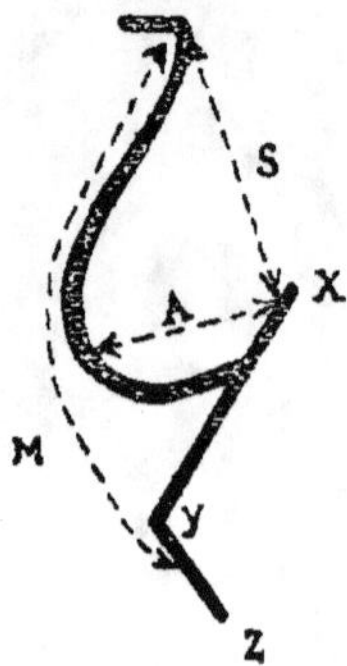

Fig. 71. — Schéma des muscles dans l'encolure renversée.

Avant d'étudier comment nous pourrons faire travailler chacun de ces muscles dans le sens voulu, il est nécessaire de fixer
l'ordre dans lequel ces muscles devront être travaillés. Je trouve

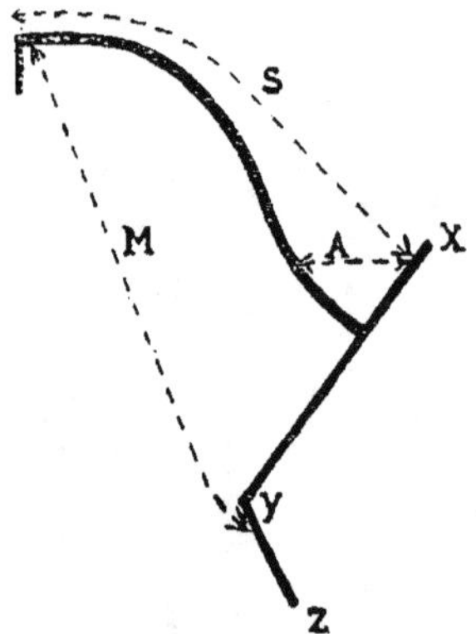

Fig. 72. — Schéma des muscles d'une encolure bien placée.

raisonnable de lutter d'abord par l'élongation contre la contraction des muscles qui devraient être souples et élongés; de commencer par détruire ces contractions avant d'en provoquer d'autres antagonistes; d'allonger, d'assouplir d'abord les **muscles**

supérieurs pour permettre le placement le plus favorable des muscles de la région inférieure qui doivent être travaillés en contraction.

Nous diviserons notre travail de relèvement complet de l'encolure en 3 phases. :

1° Travail en élongation du groupe splénius (renverseurs);

2° Travail en contraction de l'angulaire de l'omoplate;

3° Travail en contraction du groupe mastoïdo-fléchisseurs.

1ʳᵉ *Phase. — Travail en élongation du groupe splénius.* — Nous ferons travailler les renverseurs en élongation par des descentes d'encolure; dans ces mouvements, en effet, splénius rhomboïdes et compléxus s'étirent.

Les descentes d'encolure devront être très fréquentes de façon à constituer une *véritable gymnastique.* Il faudra les obtenir aussi franches, aussi complètes, aussi « poussées à fond » que possible et ne passer à la deuxième phase *du relèvement de l'encolure que lorsque ces exercices seront parfaitement exécutés ;* les résultats futurs n'en seront que mieux confirmés et plus rapidement atteints.

Ces descentes d'encolure trouveront heureusement leur place au début du redressage, dans la mise en confiance et au moment où il faut mettre le cheval sur les épaules. Elles produiront non seulement la confiance dans la main, la recherche du mors et de l'appui, mais elles auront aussi pour effet de ramener du poids sur le devant.

Les descentes d'encolure ne peuvent être nuisibles que si elles sont mal exécutées. *Il importe donc qu'elles soient bien faites.* Elles doivent être provoquées *par une pression des jambes et s'accompagner par conséquent d'un allongement d'allure.* Elles seront régularisées ensuite par le moyen des doigts qui, en se serrant ou en laissant filer plus ou moins les rênes, règleront la descente et elles conduiront ainsi tout naturellement au ramener et aux flexions les « lois sacro-saintes de l'impulsion » étant respectées. L'encolure ne devra s'étendre que sur avis favorable accordé par un desserrement moelleux des doigts, l'impulsion venant, en quelque sorte, demander à la main la permission de passer.

Si elles sont bien apprises et récompensées, les descentes d'encolure, timides, hésitantes au début deviendront vite complètes et franches. Quand le cheval aura été exercé au ramener par ce moyen, le cavalier sera maître absolu du centre de gravité, c'est-à-dire de l'équilibre, car il pourra à son gré envoyer du poids sur le devant ou en rejeter en arrière.

J'attache une importance considérable aux descentes d'encolure surtout dans le cas spécial de redressage qui nous occupe.

Le capitaine de Saint-Phalle, grand partisan des descentes d'encolure *bien faites*, expose clairement les dangers consécutifs à une compréhension ou à une exécution mauvaises :

« Nous venons de voir comment, par le ramener, on fait jouer l'encolure *au garrot*, de bas en haut, pour charger et engager l'arrière-main.

« Il est nécessaire aussi de la faire jouer de haut en bas pour avancer le centre de gravité et décharger les propulseurs.

« On y arrive par la descente d'encolure etc... J'estime qu'elle doit être fréquemment demandée, à titre d'exercice, d'une manière beaucoup plus prononcée.

« Des hippiatres croient qu'il est inutile et nuisible de demander au cheval l'abaissement complet de l'encolure; c'est lui apprendre, au dire de l'un d'eux, « l'art de préparer le couronnement ».

« *Ce danger ne serait réel que si la descente d'encolure en était l'affaissement.* C'est ainsi qu'elle a été comprise, il est vrai, par bien des écuyers. Elle serait alors, en effet, un mouvement défectueux, nuisible même, car qui dit affaissement dit affalement, abandon de toute énergie. Mais telle n'est pas la descente d'encolure : Elle ne comporte pas l'affaissement de l'encolure et de la tête abandonnées par le cheval à l'entraînement de leurs poids; elle est leur abaissement par une dépense d'énergie appliquée aux extenseurs pour ramener l'encolure à sa position la plus basse. Ce n'est qu'une fois que la descente d'encolure est terminée, que le cheval peut profiter, pour se mettre au repos, de la posture dans laquelle on l'a mis.

« Ainsi comprise, elle n'est donc pas un acte de mollesse, mais une manifestation d'énergie, à laquelle *il est utile d'avoir souvent recours.*

« La descente d'encolure est, en effet, une excellente manière d'entretenir l'impulsion en habituant la bouche à poursuivre le mors et à en chercher le contact sous l'action des jambes. Ce résultat suffirait à lui seul pour recommander l'emploi fréquent de cet exercice.

« Pour obtenir la descente d'encolure complète, il faut marquer un peu plus énergiquement l'action des jambes, afin d'augmenter l'impulsion et desserrer les doigts pour permettre l'extension de l'encolure.

« Si le cheval est dans l'impulsion et pour l'y maintenir, ce mouvement doit être accompagné d'une accélération d'allure.

Et Saint-Phalle insiste longuement sur cette nécessité de l'accélération d'allure :

« Autant l'impulsion peut être développée par la descente d'encolure avec accélération d'allure, autant elle peut être atrophiée par la descente de main, qui est le mouvement inverse. Cet exercice, fort préconisé par La Guérinière et par Baucher qui s'en servait beaucoup, s'exécute en principe de la manière suivante : le cheval étant dans le ramener, bien engagé et à une certaine allure, le cavalier laisse les rênes se détendre complètement et met ainsi le cheval dans le vide, sans qu'il doive changer ni sa position ni son allure. Un pareil cheval n'a plus rien à apprendre pour être complètement rétif. Il n'y a qu'à prier le ciel de ne lui envoyer aucune mauvaise pensée. Si, en effet, on lui enseigne à se renfermer de lui-même au point que, sans rênes, il reste assis sur les hanches, on lui enseigne du même coup la position la plus favorable dans laquelle il puisse se mettre pour refuser le mouvement en avant; c'est celle, d'ailleurs, que le cheval rétif prend naturellement quand il ne veut pas avancer. En dressant à la descente de main, le cavalier donne donc lui-même au cheval la meilleure arme dont il puisse se servir et, qui plus est, la lui rend familière.

« Si au lieu de commettre une semblable imprudence, on habitue le cheval par des exercices fréquents à toujours allonger son

allure dès que les jambes agissent et que les doigts le lui permettent, nous pourrons obtenir cet effet lorsque nous le voudrons
et par conséquent, nous pourrons toujours avoir notre cheval
sur la main et en être maîtres. C'est précisément le résultat de
la descente d'encolure telle que je la préconise, etc...

« La descente d'encolure, au contraire, exige pour être bien
faite, une grande soumission aux aides, le cheval n'allongant son
encolure qu'autant que les jambes le lui demandent et que les
doigts le lui permettent. »

2e Phase : Travail en contraction de l'angulaire de l'omoplate.
— Les descentes d'encolure étant obtenues franches et complètes, nous pourrons passer à la deuxième phase du relèvement de
l'encolure.

Nous ferons travailler en contraction l'angulaire de l'omoplate, en élevant le nez du cheval à hauteur des oreilles et en le
faisant reculer dans cette position, le cavalier étant à pied.

En élevant ainsi l'encolure , le nez à hauteur des oreilles, on
la fait plier *à sa base* aux dernières vertèbres cervicales et c'est
en contractant l'angulaire de l'omoplate que le cheval soutient
son balancier dans cette position. En outre, les muscles qui peuvent s'opposer au relèvement de la base de l'encolure sont assouplis par cet exercice. « Lorsqu'on fait fléchir une articulation ce
ne sont pas les muscles déterminant la flexion qu'on assouplit,
mais bien ceux qui s'y opposent, car ce sont ceux-là qui doivent
céder, se détendre » (¹).

Cette contraction de l'angulaire sera augmentée encore par
le reculer, dans cette position, le cavalier étant toujours à pied.
Quand le cheval ainsi maintenu le nez à hauteur des oreilles *portera* son encolure, il ne pourra refouler du poids en arrière pour
reculer qu'en ramenant vers l'arrière *la base* de l'encolure, d'où
contraction des angulaires. Ces muscles se contractent aussi
pendant le reculer pour attirer en avant l'extrémité supérieure
du scapulum quand l'angle huméral se porte en arrière, leur
point fixe est alors aux dernières vertèbres cervicales.

____

(¹) Général Lhotte.

Il ne faut pas croire que ce mouvement a pour effet de confirmer le défaut du cheval portant au vent et renversant son
encolure, bien au contraire et plus ce défaut est accusé, plus cet
exercice est utile. Le cheval qui porte au vent renverse son encolure pour rejeter du poids en avant, alors que dans le reculer la
tête haute il a besoin, pour pouvoir reculer, de déplacer du poids
en arrière du centre de gravité. Si le cheval ainsi maintenu le
nez à hauteur des oreilles portait la tête seule en arrière, un effet
de bascule pousserait en avant la « ceinture » beaucoup plus
lourde; le poids resterait en avant, le cheval s'immobiliserait,
mais ne reculerait pas; il ne lui est possible de reculer qu'*après
retrait vers l'arrière de la base de son encolure* (contraction cher-
chée des angulaires).

Il est facile de se rendre compte qu'un cheval que l'on force
à reculer, le nez à hauteur des oreilles, ne renverse pas son encolure, n'affaisse pas la base de son encolure, mais au contraire
qu'il la relève. Le bord inférieur, convexe lorsque le cheval
renverse l'encolure, demeure droit pendant le reculer le nez à
hauteur des oreilles.

L'encolure renversée est une position de défense; aussi fau-
dra-t-il agir, dans cette deuxième phase, avec tact, modération
et progressivité pour éviter de provoquer une douleur dans les
jarrets qui pourrait inciter le cheval à se défendre; cherchant
alors à maintenir du poids sur le devant malgré la demande du
cavalier, il pourrait être amené à renverser son encolure.

Le but de ces exercices étant de faire travailler les angulaires
en contraction, on devra leur donner le caractère *d'une véritable
gymnastique ;* il faudra procéder par répétition fréquente de ce
mouvement au lieu de chercher à provoquer une très grande
intensité de contraction.

Non seulement ce reculer le nez à hauteur des oreilles fait
travailler en contraction l'angulaire de l'omoplate et produit
ainsi le relèvement de la base de l'encolure, mais encore il influe
très à propos sur les aplombs des membres antérieurs (ouverture de l'angle scapulo-huméral) et sur l'engagement des posté
rieurs (fermeture de l'angle coxo-fémoral).

Nous savons que le cheval barbe acculé à redresser est sous

lui du devant. Le reculer l'encolure relevée le nez à hauteur des oreilles tendra à ramener les membres antérieurs sur leur ligne d'aplomb.

Ce mouvement en effet, fait travailler en contraction mastoïdo-huméral et portion cervicale du trapèze. Le mastoïdo-huméral aide au transport du corps en arrière en tirant en arrière la tête et les vertèbres cervicales si le point fixe du muscle est au membre, ou tire l'humérus en avant faisant tourner le membre autour du centre O si le point fixe est supérieur (*fig. 73*).

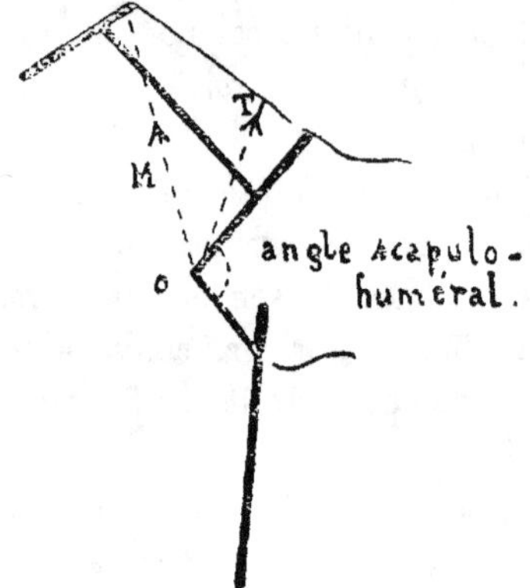

Fig, 73. — Rôle du mastoïdo-huméral (M) et du trapèze (Z) dans le reculer.

La portion cervicale du trapèze se contractant, attire en haut et en avant la partie inférieure du scapulum (fig. 73). L'angle huméral s'ouvre et les antérieurs reviennent à leur place normale. Ils s'y maintiendront tout naturellement quand une gymnastique suffisante aura donné à l'encolure une bonne position relevée à partir de sa base.

« Ce mouvement (le reculer la tête haute) dit Boisgilbert, contribue déjà au relèvement de l'encolure sans que l'arrière-main perde de sa puissance d'impulsion, le reculer ne pourrait avoir d'inconvénients que si le cheval le transformait en résistance, la tête basse, la colonne vertébrale contractée en arc de cercle, ce qui ne peut se produire avec l'élévation sur le filet. Il est à remarquer que ce genre de reculer qui se *borne à deux ou trois pas en arrière*, ne dispose nullement le cheval à se retenir, ou à s'acculer, il produit l'effet contraire. Ne voit-on pas souvent des chevaux qui reculent par suite de rétivité baisser la tête pour se livrer à cette défense ».

Cet exercice aura en outre pour effet d'engager l'arrièremain et d'augmenter l'impulsion des hanches dont le mécanisme réside dans le jeu de l'articulation coxo-fémorale. En forçant cette articulation à se fermer, il produira l'engagement des jarrets sous la masse « au lieu de trouver dans l'abaissement des hanches la cause de l'élévation de l'encolure — dit Saint-Phalle, — je pense qu'en raison des effets de l'impulsion c'est, au contraire, dans l'élévation de l'encolure qu'il faut prendre les causes de l'engagement des postérieurs se manifestant par l'abaissement des hanches. » Autrement dit, se manifestant par la fermeture de l'angle coxo-fémoral.

Cette deuxième phase du travail de relèvement complet de l'encolure (relèvement de la base par contraction de l'angulaire de l'omoplate), prendra place dans la deuxième partie du redressage au moment où il faut provoquer « le nouvel équilibre nécessaire à cause du poids du cavalier », après que le cheval acculé aura pris franchement le « défaut inverse », relèvement de l'encolure et engagement des postérieurs devant obligatoirement marcher de pair.

Il est à remarquer que cette étude anatomique de l'encolure nous amène aux moyens employés par Baucher. Il paraît cependant à peu près certain que Baucher était arrivé à préconiser ce reculer en empruntant une tout autre voie et qu'il en attendait aussi d'autres effets. Je crois que Baucher le pratiquait, non pas avec l'idée prépondérante de relever l'encolure et de travailler certains muscles en contraction, mais surtout pour détruire les résistances du cheval, avoir sur lui un puissant moyen de domination et pour se rendre maître absolu de l'impulsion, avant de l'exploiter.

3e Phase. — *Travail en contraction des fléchisseurs de l'encolure* (mastoïdo-huméral-sterno-maxillaire-scalène, long du cou). — L'encolure, à présent, est bien disposée pour supporter ce nouveau travail, la base est relevée et soutenue ferme par les gros et puissants angulaires de l'omoplate dont la tonicité a été augmentée, il ne reste plus qu'à fléchir la partie antérieure de la tige cervicale sur cette base solide et bien dirigée, nous y arriverons en travaillant en contraction les fléchisseurs.

Dans cette dernière phase du relèvement de l'encolure, la flexion du rachis sera recherchée en même temps que celle de l'articulation atloïdo-occipitale.

C'est par le ramener « sans lequel il n'y a pas de domination possible de la part du cavalier », par l'engagement des propulseurs, par le *moyen des jambes qui enverront l'impulsion sur une main fixe*, que nous procéderons. Il est indispensable de demander le ramener de cette façon avec tous les chevaux et *a fortiori* avec les barbes chez lesquels l'acculement se trouve à l'état endémique.

Une comparaison très juste faite depuis longtemps — celle de l'encolure avec un fleuret — donne une idée très exacte de la conception que l'on doit avoir du ramener. Quand la main pousse le fleuret contre un mur, la lame se vousse et plus pousse la main, plus la lame fléchit. Il en est exactement de même pour l'encolure si nous remplaçons la main qui pousse le fleuret en avant par la jambe qui communique l'impulsion au cheval et le mur par le mors rendu fixe par une main fixe. L'impulsion provoquée par les jambes venant buter contre la main fixe, fera se vousser l'encolure; la jambe qui pousse règlera l'impulsion. « Prise entre les propulseurs qui la poussent et le mors qui l'empêche de s'allonger — écrit Saint-Phalle — la colonne vertébrale fléchit dans ses articulations.

Ici surtout, il faudra beaucoup emprunter à l'équitation vraiment impulsive que personnifie Saint-Phalle si l'on ne veut s'exposer à « rater » le redressage du cheval.

« Il ne faut pas, écrit Saint-Phalle, que ce soit le mors qui vienne sur le cheval, mais au contraire que ce soit le cheval qui soit envoyé sur le mors. Je considère le ramener, écrit-il plus loin, comme ayant une importance considérable, parce que c'est lui qui, en élevant l'encolure, produit l'engagement des postérieurs, engagement qui ne peut d'ailleurs être produit d'aucune autre façon si le cheval est dans l'impulsion.

« Engager l'arrière-main consiste, en effet, à ramener le centre
de gravité au-dessus des points d'appui des postérieurs ou à le
rapprocher de cette position. Nous pouvons essayer d'y arriver,
soit par les rênes seules, soit par les jambes seules, soit par l'en-
tente des mains et des jambes. Examinons ces divers procédés.

« Si l'on veut engager l'arrière-main par les rênes seules, il
faut forcément qu'elles agissent par traction; or, nous savons
à quels inconvénients et à quelles résistances cela nous expose.
Cette manière de faire doit être formellement réprouvée ».

Si les rênes agissent en effet par traction, elles s'attaquent
directement au poids de la masse, le cavalier est vaincu d'avance
dans cette lutte, ceci se conçoit aisément.

« Le deuxième procédé n'est pas meilleur, parce qu'il exige-
rait que les jambes agissant à l'exclusion des mains, le cheval
s'assit sur les hanches; c'est l'inverse de ce qui se passe s'il est
dans l'impulsion ainsi que nous l'avons vu précédemment.

A toute action de jambe, en effet, le cheval doit comprendre :
en avant, sinon on est sur le seuil de la rétivité.

« Pour obtenir l'engagement des postérieurs il ne reste donc
que le troisième procédé, qui consiste dans une action combinée
des rênes et des jambes. Or, pour arriver à engager l'arrière-
main de cette façon et sans tirer sur les rênes, il n'y a qu'une
méthode possible; son application se décompose de la manière
suivante .

1° Action des jambes à laquelle le cheval répond par un essai
d'accélération de vitesse et d'extension d'encolure.

2° Arrêt de cette extension par la résistance des doigts et
retrait de la main, s'il y a lieu, pour suivre la mâchoire dans la
flexion, d'où l'élévation d'encolure;

3° Comme conséquence, recul du centre de gravité et engagement de l'arrière-main.

« On voit par là que cet engagement est la conséquence de l'élévation de l'encolure ou ramener, ou, autrement dit, que c'est
le ramener par impulsion qui produit l'engagement de l'arrière-
main.

« Aussi, au lieu de trouver dans l'abaissement des hanches la
cause de l'élévation de l'encolure, je pense qu'en raison des effets

de l'impulsion, c'est, au contraire, dans l'élévation de l'encolure qu'il faut prendre les causes de l'engagement des postérieurs se manifestant par l'abaissement des hanches.

« Cette explication prouve suffisamment l'importance et la nécessité d'y exercer le cheval avec soin, si l'on est soucieux de rester en concordance avec les lois de l'impulsion. »

§ 3. *Réflexions sur l'art équestre.*

Avec MM. Gustave Le Bon et L. de Sévy, je pense que l'équitation et la connaissance du cheval sont susceptibles encore de beaucoup de progrès si ceux-ci sont poursuivis dans le domaine scientifique.

« L'équitation n'est pas une science, c'est un art » entend-on affirmer souvent; cette phrase enseignée se propage, se redit et devient, multipliant ses exemplaires, une vérité absolue, un dogme inattaquable. Nombreux sont ceux qui ne tentent pas de franchir cette barrière peu engageante faite de mots à pic que l'on vient leur planter devant le nez.

« L'équitation n'est pas une science, c'est un art. »

Les fruits d'une semblable conception? Pas de chercheurs, de raisonneurs pourvus d'esprit scientifique.

Je pense que l'on oppose à tort ces deux mots : science et art; c'est d'accord qu'ils devraient marcher et la main dans la main; l'équitation, n'est-ce pas un art scientifique?

A chaque science principale se rattache un ou plusieurs arts scientifiques; à la géologie, la métallurgie, l'art du lapidaire; à la physique, l'optique, l'acoustique; à la zoologie, la médecine, l'art vétérinaire, etc. L'équitation, comme les autres arts scientifiques, n'est autre chose que les sciences appliquées; elle a pour objet principal l'application de la mécanique, de la zoologie, de la psychologie. L'art ici, est l'application des connaissances acquises; cette conception de l'art dans les arts scientifiques, faisait justement dire à d'Alembert que « l'art s'acquiert par l'étude et l'exercice ».

Rendons à César, ce qui est à César et à ce don que l'on attri-

bue aux maîtres en équitation, son nom véritable : l'habileté.
Et cette habileté doit tendre même à se réduire de plus en plus
en théorie. Une grande part d'habileté existera toujours, certes,
en équitation, mais ce ne sera jamais qu'en faisant tache d'huile
dans le domaine scientifique que l'équitation pourra progres-
ser. Le docteur Gustave Le Bon écrit à ce propos : « L'habileté
en équitation est certainement quelque chose, mais l'emploi
méthodique de principes sûrs, conduit parfois à des résultats
supérieurs ».

« Si, écrit L. de Sévy dans une *Revue de Cavalerie*, comme le
fait justement remarquer le général L'Hotte, les plus grands
maîtres de l'équitation ont formé peu d'élèves, la faute, il faut
le reconnaître, ne vient pas seulement de ces derniers. Particulièrement favorisés par les dons de la nature, les virtuoses de
l'équitation ne semblent pas avoir cherché *à raisonner leur art*.
Ils ont systématiquement repoussé la tentation de l'analyser,
craignant de déflorer leur idéal en le soumettant à une analyse
trop précise et rigoureuse. Leur instinct, si sûr, leur faisait pres-
sentir d'ailleurs que la perfection de l'acte réflexe n'avait rien
à gagner d'une telle investigation. Plus épris d'idéal que d'apos-
tolat ils ont peut-être mis quelque hâte à proclamer que « la
note d'art ne peut se mettre en formule ». Il reste à fixer les
limites de cet art insaisissable par l'analyse rebelle à tout ensei-
gnement ».

« Actuellement — continue L. de Sévy — le cinéma ralenti,
véritable microscope du mouvement, permet une étude minu-
tieuse des mouvements qui échappent complètement à l'œil et se
prête, par conséquent, à une étude expérimentale approfondie.
De plus, le progrès des études de mécanique animale permettent
d'interpréter scientifiquement tous les phénomènes observés.

« Dès lors rien ne semble plus s'opposer à la mise au point défi-
nitive d'une doctrine sûre, étayée à la fois sur les données expé-
rimentales les plus certaines et sur les bases scientifiques les mieux
assurées. C'est, semble-t-il, dans cette voie que se trouve le progrès de demain. »

CHAPITRE V

L'ASSOUPLISSEMENT DES ARTICULATIONS DE LA NUQUE
ET DE LA MACHOIRE

Sa nécessité. — La nuque et la mâchoire font office de tampons entre les
propulseurs et la main du cavalier. — Comment assouplir l'articulation
atloïdo-occipitale. — Il est nécessaire de dégourdir l'articulation maxillaire du barbe par un travail approprié à l'état de sa mâchoire. — Les
flexions directes de Baucher.

« Il n'est pas de cavalier — écrit Saint-Phalle — qui n'ait eu
occasion mainte et mainte fois de constater avec quelle facilité
il manie son cheval lorsque les indications du mors sont reçues
avec souplesse et quelle difficulté, au contraire, la contraction
de la nuque et de la mâchoire apporte à la direction.

« C'est que, si l'encolure et la tête restent raides dans toutes
leurs articulations, elles sont comme invariablement soudées à
tout le reste du corps; la puissance propulsive de l'arrière-main
est transmise sans amortissement à la main du cavalier qui réci-
proquement, doit réagir avec une grande énergie sur les propulseurs pour les commander.

« Dans ces conditions le cavalier est aux prises avec la force
motrice dont l'effet lui est intégralement transmis; en sorte que
la direction ne peut se faire avec aucune délicatesse.

« Si au contraire, les articulations de la mâchoire et de la nuque
sont souples, elles deviennent entre l'arrière-main et le mors un
intermédiaire dont l'élasticité amortit d'une part, la poussée de
la masse jetée sur la main par les propulseurs et ajoute, d'autre
part, sa force à celle du doigté ce qui permet de commander les
propulseurs tout en restant léger.

« C'est quelque chose d'analogue à ce qui se passerait dans le
cas d'un wagon lancé contre un heurtoir de manière à y rester
appliqué. En se comprimant, les tampons amortissent le choc
reçu par le heurtoir, et, en outre, emmagasinent une force qui,
lorsqu'on voudra reculer le wagon, s'ajoutera à celle qu'il faudra

mettre en œuvre et par conséquent lui permettra d'être moindre. Il en est de même pour l'encolure et la mâchoire. Logiquement assouplies, elles font l'office de tampons. Elles amoindrissent la poussée de la masse lancée par les propulseurs sur la main et augmentent l'action de la main sur les propulseurs ; en sorte que les effets reçus ou faits par le cavalier peuvent être infiniment légers. C'est le dernier terme de la légèreté ; c'est aussi le dernier terme des flexions. »

L'assouplissement des articulations de la nuque sera développé pendant la 3e phase du relèvement de l'encolure. La gymnastique du ramener par l'impulsion tel qu'il a été exposé dans le précédent chapitre aura pour effet de travailler en contraction, en même temps que les fléchisseurs de l'encolure, ceux de la tête, tandis que ses extenseurs placés au-dessus de l'articulation atloïdo-occipitale travailleront en élongation.

L'assouplissement des articulations de la nuque se produira d'autant plus vite et d'autant mieux que l'articulation de l'encolure au garrot aura été plus assouplie, le jeu de cette dernière articulation donnant déjà à l'encolure une certaine souplesse.

Pour venir à bout de ces trois articulations-curiaces, il ne restera plus qu'à occire la raideur cadavérique de la mâchoire du cheval barbe ; elle opposera d'ailleurs maintenant une résistance moindre aux efforts qui viendront l'achever « par suite de la corrélation existant instinctivement entre toutes les contractions musculaires (¹). »

Le château de cartes des résistances s'écroulera vite quand l'une sera complètement tombée et celles qui resteront debout ne pourront résister longtemps à l'écroulement des autres.

Je crois opportun de rappeler ici que *c'est un cas spécial de redressage que nous étudions ;* les moyens employés doivent être fonction des défauts de notre partenaire. Il est nécessaire de commencer l'assouplissement de l'articulation maxillaire du barbe par un travail approprié à l'état de sa mâchoire.

Nous avons vu ailleurs que la bouche ouverte du cheval barbe

(¹) Général L'Hote.

monté en mors arabe ne prouve pas du tout la souplesse de l'articulation maxillaire; le cheval ouvre la bouche pour mettre son palais à l'abri de la meurtrissure causée par le passage de langue très élevé (7 centimètres) du ridicule mors arabe; il est contracté la bouche ouverte.

Les procédés ordinaires pour assouplir la mâchoire appliqués au cheval barbe risquent de ne donner après un travail long que des résultats insuffisants. D'après les essais nombreux que j'ai pu faire, je crois que seules les flexions directes de la mâchoire de Baucher peuvent produire sur les bouches endurcies des chevaux barbes des résultats rapides, complets, décisifs et durables.

Les idées de Baucher sur ces flexions directes exposées dans le *Baucher et l'équitation d'extérieur* de Boisgilbert ne sont-elles pas des plus logiques?

« Beaucoup de cavaliers procèdent par pressions discrètes et réitérées, écrit-il, en secouant le mors, en amusant le cheval et obtiennent ainsi une demi-cession de la mâchoire; ils croient agir avec tact et finesse, c'est le contraire qui a lieu. Le cheval a fait claquer son mors mais il n'a pas cédé. Combien d'animaux soumis à ces semblants de flexion, une fois embarqués au galop au milieu d'autres chevaux, se braquent sur le mors malgré leur fin dressage, la mâchoire contractée et pèsent 100 kilos à la main du cavalier. Du moment que le cheval emploie la force pour résister à l'action du mors, il est nécessaire que le cavalier emploie la force dans le travail à pied pour détruire en détail et séparément ces résistances, devrait-il en éprouver une certaine fatigue dans les bras. Cet effort ne sera du reste nécessaire qu'au début. »

Je cite entièrement ici Baucher par Boisgilbert :

« *Première flexion.* — Le mors et la gourmette ajustés le cavalier placé du côté gauche en avant de l'épaule du cheval, saisit avec la main gauche la bride à 5 centimètres de l'anneau et avec l'autre main la rêne droite éga'ement à 5 centimètres de l'anneau; il tire à lui la rêne droite tout en opérant une autre traction sur la rêne gauche en avant et à droite, de manière à produire un effet de torsion sur le mors.

« Le cheval sentant sa mâchoire de plus en plus serrée par la gourmette, la barre droite de plus en plus comprimée par le canon du mors, commence par serrer les dents et le plus souvent s'entête dans cette résistance.

« Pourquoi le cheval s'entête-t-il? Parce que le cavalier emploie la force sans cession ni hésitation et par un effort continu.

« Cette résistance est nécessaire, elle doit être provoquée et la force seule sera capable de produire un effet durable en la détruisant à jamais. Les autres moyens sont illusoires; ne provoquant pas de résistances, ils n'en détruisent aucune.

« Le cavalier toujours calme, continue donc sans l'augmenter ni la diminuer la torsion énergique du mors et persiste dans la tension des rênes jusqu'à ce que le cheval ait cédé. Aussitôt ce résultat obtenu, il cesse l'effet des rênes et caresse l'animal.

« Le cavalier exécute le même exercice du côté opposé.

« *Deuxième flexion.* — Le cavalier se place à gauche du cheval en avant de l'épaule, il saisit avec la main droite la rêne de la bride à 5 centimètres environ de l'anneau et avec la main gauche la rêne du filet du même côté, à la même distance de l'anneau. Après avoir élevé la tête du cheval, la direction du chanfrein à peu près dans la verticale jamais en dedans, les mains à peu près à hauteur du garrot, il opère une traction en sens inverse sur les deux rênes dans le sens de la longueur de l'animal, l'effort sur la rêne de la bride restant horizontal; celui de la rêne du filet plus relevé pour empêcher le cheval de baisser la tête. Il maintient énergiquement la tension des rênes jusqu'à ce que le cheval cessant de résister, décontracte la mâchoire sans fléchir l'encolure.

« Le cavalier exécute ensuite la même flexion du côté droit par les moyens inverses.

« Ces deux effets latéraux étant obtenus, le cavalier les combine et les réunit en une seule flexion. A cet effet s'étant placé à gauche du cheval il saisit les deux rênes de la bride avec la main droite et les deux rênes du filet avec la main gauche, les unes et les autres à 10 centimètres des anneaux et opère comme précédemment les deux tractions en sens inverse, la main gauche produisant un effet en hauteur. Il répète cette flexion en se plaçant à droite et en intervertissant le rôle des mains puis en se plaçant en face du cheval.

« Ces dernières flexions poussées à fond doivent amener l'ouverture complète de la mâchoire sur l'indication des rênes opposées. Si ce travail a été bien compris la mâchoire restera mobile même aux allures vives au milieu d'une troupe nombreuse de cavaliers, l'encolure restant rigide, haute et prête à recevoir sans se baisser l'appui sur le filet. »

J'insiste sur la nécessité de conserver pendant ces flexions l'encolure rigide, le « col ferme » de Pluvinel indispensable pour une conduite facile du cheval, sans quoi, dit Saint-Phalle, l'encolure serait dans la situation d'un gouvernail en caoutchouc dans l'eau. Boisgilbert en marque l'importance à plusieurs reprises : « Le cavalier, dit-il, mettra tous ses soins à ne pas porter atteinte à la rigidité de l'encolure en ne lui permettant de s'infléchir ni à gauche ni à droite. » Dans cette flexion la tête devra être maintenue assez haute, la direction du chanfrein à peu près dans la verticale, mais jamais en dedans de cette ligne; elle devra à peine s'infléchir à gauche ou à droite et seulement à son point d'attache avec l'encolure qui devra conserver toute sa rigidité. »

L'emploi des flexions directes de Baucher m'ont toujours donné des résultats inespérés sur les chevaux barbes que j'ai redressés ou dont j'ai dirigé le redressage. Ces procédés n'offrant aucun danger pour l'équilibre du cheval présentent aussi l'avantage de pouvoir être employés par presque tous les cavaliers.

Ces flexions directes ne seront nécessaires qu'au début du travail d'assouplissement de la mâchoire pour dégourdir cette articulation désespérément raidie, sa souplesse sera développée ensuite par les effets de l'impulsion venant buter sur une main fixe, par la mise en main. Dans le courant du redressage, les flexions directes demeureront pour le cavalier une réserve de commandement, un moyen infaillible pour faire tomber les résistances s'il s'en produit à nouveau ou bien pour accentuer des flexions de mâchoire insuffisantes ou incomplètes.

CHAPITRE VI

OBÉISSANCE AUX AIDES — MISE EN MAIN — LÉGÈRETÉ

> « Sensibilité aux rênes, sensibilité
> aux jambes, telles sont les sources
> de toute finesse d'équitation. »
> (SAINT-PHALLE.)

§ 1. — *Le cheval barbe ne connaît pas les aides.* — Le défaut à combattre n'est autre que l'ignorance.

§ 2. — *L'obéissance aux jambes.* — Il est nécessaire d'employer au début du redressage des moyens qui obligent le cheval à céder. — Les pirouettes renversées de Baucher. — « Le travail correctif des résistances doit être abandonné dès qu'il est sans but. » Quand la jambe se fait sévère, il faut que la main laisse s'échapper l'impulsion. — Jambes énergiques et perpétuel emploi des jambes.

§ 3. — *L'obéissance aux rênes.* — La liaison entre la bouche du cheval et la main du cavalier. — Il faut non pas que le mors vienne sur le cheval, mais que celui-ci soit envoyé sur le mors. — Inconvénients des tractions sur les rênes.

§ 4. — *La mise en main ; la légèreté.* — Ce qu'est la mise en main. — Par quoi elle est constituée. — Ses effets. — Ce qu'on peut obtenir par la mise en main. La mise en main d'après Saint-Phalle. La légèreté et la fausse légèreté. — Ce en quoi consiste la vraie légèreté.

§ 1. — *Le cheval barbe ne connaît pas les aides.*

Il est nécessaire de rappeler au début de ce chapitre que les chevaux barbes ne connaissent généralement pas les aides.

Étant donné le tact équestre du cavalier arabe, l'emploi brutal, confus et irraisonné des aides, le cheval barbe ignore qu'en y cédant il peut se soustraire à leurs effets importuns.

La pression des jambes est une douceur qu'il ne soupçonne pas ; uniquement commandé à l'éperon qui agit toujours très en arrière des sangles, il perd fatalement tout respect des jambes et ne conserve plus qu'une épouvantable crainte du mors. Ceci et un perpétuel abus des éperons rendent le cheval froid aux jambes, que dis-je ! inerte aux jambes et puis enfin inerte aux éperons. Ainsi, le cheval qui n'obéit qu'à l'éperon, surtout s'il est léger, est bien plus près de la rétivité que de la vraie légèreté.

Celui qui entreprendra de redresser un barbe doit bien se pénétrer de cette situation : le « défaut » à combattre est l'ignorance. Prendre celle-ci pour du mauvais vouloir ne peut conduire qu'à des résultats désastreux. Avant de chercher à équilibrer notre cheval il faut donc lui apprendre les aides.

§ 2. — *L'obéissance aux jambes.*

> « La base du dressage est la franchise dans le mouvement en avant. »
> (*Manuel d'équitation et de dressage*).

Dans le chapitre « Baucher et le cheval barbe », j'ai insisté sur la nécessité d'employer des moyens énergiques et puissants pour apprendre à ce cheval la légèreté aux jambes; je crois inutile d'y revenir.

Je cite *Baucher et l'équitation d'extérieur* de Boisgilbert.

1º *Pirouettes renversées sur une seule rêne le cavalier étant à pied.* — Cette première pirouette constituée par un demi-tour sur les épaules obtenue par l'opposition de la tête aux hanches avec une encolure élevée sert de préparation aux pirouettes renversées sur l'éperon qui seront exécutées par la suite.

« Étant à pied, le cavalier se place à gauche du cheval, saisit de la main gauche la rêne de filet à 5 ou 6 centimètres de l'anneau, élève le bout du nez à hauteur des oreilles et dès que la mâchoire est décontractée il tire franchement à lui en obliquant à droite la tête du cheval maintenue élevée de manière à déplacer l'arrière-main, le pied gauche de devant pivotant sur place. Il termine ainsi avec deux ou trois déplacements de la croupe une pirouette renversée. S'il y a résistance, si l'encolure se plie, il emploie la cravache sur le flanc, mais le but que l'on se propose n'est pas rempli (opposition de la tête aux hanches). Il sera nécessaire d'arriver à exécuter le mouvement avec l'indication de la rêne seule. Même travail du côté droit. »

« 2° *Pirouettes renversées sur l'éperon.* — Demi-tour sur les épaules en renforçant l'action de l'éperon qui chasse les hanches par l'opposition de la tête aux hanches comme indiqué précédemment.

« A cet effet, le cavalier élève le poignet droit, les ongles en l'air, les rênes tenues courtes, la gauche flottante sans être allongée et tire vivement la tête du cheval à droite en appuyant la jambe et l'éperon droits de manière à déplacer vivement les hanches à gauche et à compléter une pirouette renversée. Dans ces conditions il sera défendu au cheval de plier son encolure qui conservera sa rigidité. Répéter le même mouvement du côté gauche.

Et Boisgilbert d'ajouter : « Il y a lieu de remarquer que l'effet que l'on veut obtenir serait diminué si la rêne opposée ne restait pas flottante par suite de l'avancement du poignet. » Pendant que le cavalier tire la tête en ramenant le coude en arrière, il allonge l'autre bras de *maniére à perdre de ce côté tout contact avec la bouche.*

Je dois faire ici une remarque importante. Étant donnée la position du cavalier arabe, les jambes agissent toujours très en arrière des sangles, à l'endroit où elles produisent leur maximum d'effet. Le cheval ignore le contact et le commandement des jambes près de la sangle. Il faut lui apprendre à obéir quand elles agissent à cet endroit afin de pouvoir, par la suite, nuancer leurs effets. Dans les pirouettes renversées sur l'éperon, il importe donc d'appliquer l'éperon *prés des sangles* en raccourcissant les étrivières si c'est nécessaire.

Cet exercice, dit Boisgilbert, a le grand avantage de préparer le cheval aux effets de l'éperon sans qu'il puisse l'éviter ni se défendre; il est obligé de le subir. Son emploi le plus souvent modéré sera approprié non seulement à la résistance que l'animal pourrait présenter, mais aussi à son degré de sang et de finesse. Sur les natures molles, sur les chevaux lourds, il fait merveille; dans tous les cas l'éperon doit être appliqué franchement sans hésitation ni tâtonnements. »

« Ces deux moyens combinés, mâchoire haute et souple tête et encolure opposées aux hanches sous l'effet de l'éperon appliqué avec calme et précision, neutralisent les résistances de l'animal, sa propension à s'échapper ou à se retenir.

« A première vue ces exercices préparatoires pourraient paraître d'une sévérité inutile avec certains animaux disposés à obéir à une indication de la jambe. S'il ne s'agissait que de dresser le cheval à exécuter des pirouettes renversées, cette observation serait exacte, mais le but que l'on se propose d'atteindre est tout autre; il faut d'abord s'assurer de la soumission de l'animal pour n'importe quelle période de son dressage et avoir sous la main en cas de résistances sourdes ou violentes, un moyen puissant de le réduire à la minute.

« Enfin ces moyens ont l'avantage d'émousser la sensibilité exagérée de certains chevaux et d'éveiller chez les autres celle qui leur fait défaut; ils influent sur le caractère de l'animal qui se met d'autant mieux dans le mouvement en avant que les résistances sourdes dont nous ne saurions trop parler sont détruites; il obéit à l'impulsion donnée et ne se retient plus.

« Le cavalier devra procéder à ces effets énergiques de rêne et d'éperon avec décision, mais aussi avec beaucoup de calme; en dehors de ces effets, il devra éviter de rechercher son cheval et le traiter avec douceur. Il exécutera aussi quelques pirouettes renversées sur une simple indication de la jambe mais sans en abuser, *surtout avec des chevaux mous, qu'elles ont l'inconvénient de refroidir.* »

Maintenant, retenez bien cette phrase de Baucher : « *Le travail correctif des résistances doit être abandonné dès qu'il est sans but.* »

Avec les chevaux barbes surtout, les jambes devront toujours rester autoritaires et énergiques — ce qui ne veut pas dire brutales — de façon à maintenir rigoureusement le cheval dans le mouvement en avant dont il était privé avant son redressage. Une vieille habitude est dure à corriger. Il importe que le cheval barbe ait un profond respect de la jambe et qu'il demeure persuadé que c'est quelque chose d'implacable avec lequel il ne lui est pas permis de jouer. Quelques pirouettes renversées sur l'éperon appliquées au bon moment et sans hésitation viendront à l'occasion entretenir vivace chez le cheval un louable désir d'avancement.

Mais quand les jambes agiront avec sévérité, soit dans la correction, soit pour porter énergiquement le cheval en avant, soit pour réveiller une impulsion qui paresse, *il est absolument indispensable* pour la conservation de l'impulsion *que les mains laissent jaillir librement le mouvement en avant que les jambes ordonnent*. Faute d'observer cette précaution essentielle, on brise l'impulsion et le cheval retombe fatalement dans le défaut même que l'on cherche à combattre. Et cela se conçoit sans effort de raison ; le cheval se trouve alors dans la situation d'un homme, auquel on commande simultanément : « En avant-halte !... »

Il est compréhensible qu'il soit embarrassé, qu'il ne comprenne pas très bien l'ordre qui lui est donné et qu'il se dégoûte enfin très vite de tels procédés...

« Jambes énergiques » ne veut pas dire non plus « emploi fréquent des jambes ». Tout au contraire. Un perpétuel emploi de jambes insuffisamment énergiques qui tenteraient mollement de ranimer des allures traînantes, aura pour effet certain de rejeter le cheval dans une froide et dédaigneuse indifférence aux jambes. C'est justement ainsi que le cheval arrive à s'en blaser. Quand il est besoin de « secouer » l'impulsion, une seule attaque autoritaire des jambes est infiniment préférable à une succession de demi-attaques « en mollesse ». Avec les barbes surtout, mieux vaut user sévèrement de la jambe que de s'en servir beaucoup et sans énergie.

D'ailleurs, si au début du redressage vous avez employé énergiquement les jambes sans entraver avec la main l'impulsion qu'elles exigeaient avec sévérité, vous aurez à vous en servir peu : votre cheval sera léger aux jambes.

§ 3. — L'obéissance aux aides.

L'obéissance et la légèreté aux rênes seront obtenues par les moyens connus de tous les cavaliers et par une bonne main, fixe, légère, douce et ferme.

M'adressant à des cavaliers, je ne m'étendrai pas sur cette

question : j'attirerai l'attention seulement sur les points que la connaissance du cheval barbe me fait estimer plus importants pour mener à bon terme son redressage.

Si l'on veut demeurer dans les principes d'une équitation vraiment impulsive, je ne saurai trop recommander de s'assimiler la conception du capitaine de Saint-Phalle sur la manière dont doit s'établir la liaison entre la bouche du cheval et la main du cavalier.

Les notes que je transcrirai ici sont extraites de son ouvrage : *Dressage et emploi du cheval de selle*, ouvrage où fuse de toute part le souci permanent de l'impulsion.

« La manière d'établir le contact entre la bouche et le mors a une influence prépondérante aussi bien sur le dressage du cheval que sur l'équitation du cavalier. C'est quelquefois à grand'-peine que l'on est arrivé à apprendre au cheval que les jambes doivent toujours avoir une action impulsive.

« Le bénéfice de ces soins peut être perdu et le cheval mis en dedans de la main et rendu rétif par un mauvais emploi des rênes.

« Pour éviter ce résultat désastreux, il faudra *que les rênes n'agissent que par l'effet de l'impulsion donnée par les jambes ;* de la sorte, l'usage des rênes, loin de nuire à l'impulsion, en devient une conséquence, en nécessite l'emploi, l'exerce et par conséquent la développe.

« Pour mettre ce principe en pratique, il faut *non pas que le mors vienne sur le cheval, mais que celui-ci soit envoyé sur le mors.* »

« Si les rênes agissent par traction — écrit plus loin Saint-Phalle — elles peuvent agir seules ou concurremment avec les jambes.

« Dans le premier cas, elles trouvent le cheval inerte et sans impulsion ; elles sont aux prises avec le poids de la masse ; et le cheval, au lieu de se mouvoir lui-même, laisse déplacer son centre de gravité par leur effort. Il est lourd à la main et d'un maniement difficile, ce dont il peut efficacement tirer parti pour résister aux volontés de son cavalier.

« Si, au contraire, les jambes agissent en même temps que les rênes tirent sur la bouche, ces aides sont en contradiction, car l'encolure est ramenée en arrière au moment où elle devrait chercher à s'étendre sous l'action des jambes.

« Pris entre ces deux actions inverses, le cheval est forcé de désobéir à l'une pour se soumettre à l'autre, à moins qu'il n'échappe aux deux en se révoltant et ne donne à des demandes inconsidérées la réponse qu'elles méritent.

« S'il est d'un caractère mou ou lymphatique il fait abstraction des jambes et n'obéit qu'aux rênes; il agit alors sans impulsion, s'accule même, ou devient aussi lourd à la main que si les jambes n'agissaient pas. Neuf fois sur dix, ce sera la ruine de sa franchise.

« Si au lieu d'être paresseux, le cheval est d'un caractère allant ou impressionnable, ou si les jambes sont assez énergiques, elles l'excitent à échapper aux tractions qui l'entravent et dont il ne peut prévoir la fin. Pour cela, tous les moyens lui seront bons; il forcera la main, encensera, portera au vent ou s'emballera; plus le cavalier tire plus il tire, c'est une révolte ouverte rendant toute direction impossible.

« Les inconvénients de faire agir les rênes par traction montrent surabondamment il me semble, combien ce procédé devra rester étranger au cavalier soucieux d'avoir une équitation fine et judicieuse.

« Donc, *fermez vos jambes et vos doigts et ne tirez jamais sur vos rênes.* »

§ 4. — La mise en main. — La légèreté.

A présent que le cheval connaît les aides et y obéit, il est possible de travailler la mise en main et de rechercher la légèreté aux aides.

La mise en main est « l'opération par laquelle le cheval remet en quelque sorte la disposition de toutes ses forces actives entre les mains de son cavalier. Elle comporte un équilibre dont la stabilité peut être rompue à la plus légère sollicitation par toutes les forces du cheval tendues et prêtes à agir (¹). »

(¹) Saint-Phalle.

La mise en main est constituée par :

— Le relèvement complet de l'encolure, c'est-à-dire le relèvement de l'encolure à partir du garrot qui établit l'équilibre et l'harmonie entre les deux bipèdes antérieurs et postérieurs et agit sur le jeu de l'articulation scapulo-humérale, sur le geste de l'épaule, le mastoïdo-huméral pouvant dans cette position se contracter au maximum.

. — La décontraction des muscles supérieurs de l'encolure qui place le cheval sous la domination forcée de son cavalier en lui enlevant les contractions-points d'appui qui lui sont nécessaires pour pouvoir produire un effort brusque et violent, pour résister, se défendre.

— La souplesse des articulations de la nuque et de la mâchoire qui interpose un tampon (suivant l'expression de Saint-Phalle) entre les propulseurs et la main du cavalier qui reçoit alors avec élasticité la poussée de la masse et permet à la main de commander les propulseurs tout en demeurant légère et douce, ce qui amène la légèreté aux rênes. La souplesse de tous les ressorts permet les changements immédiats d'équilibre.

— La fermeture de l'angle coxo-fémoral qui correspond à l'engagement des postérieurs sous la masse procure au cheval la possibilité d'embrasser le maximum de terrain et de détendre énergiquement ses jarrets. Maîtres de la masse, les propulseurs peuvent l'actionner suivant la nouvelle position du centre de gravité et sont à même, si les hanches sont entretenues « agissantes et diligentes » de chasser vigoureusement les épaules.

— L'ouverture de l'angle scapulo-huméral qui correspond, en station, au placement des antérieurs sur leur bonne ligne d'aplomb et produit en action un jeu libre aisé, dégagé de l'épaule et le relèvement des membres antérieurs.

Par suite de ces divers effets produits par la mise en main, les allures du cheval deviennent vigoureuses, énergiques et brillantes. Le cheval pouvant travailler à son aise sur des bases courtes acquerra une grande mobilité et sera très maniable. Le cavalier étant maître absolu du centre de gravité pourra perfectionner la légèreté; il pourra « rassembler ». Ainsi donc, par l'exercice de la mise en main, le relèvement complet de l'encolure et la souplesse de tous les ressorts seront accentués et confirmés ; l'impulsion, le brillant et la vigueur des allures ainsi que la légèreté seront développés.

Saint-Phalle écrit sur la mise en main :

« On ne saurait donc admettre la mise en main en dehors de l'impulsion ni la confondre avec l'état du cheval se tenant seul, suivant l'idéal que se sont proposé Baucher et quelques autres écuyers.

« Comme je l'ai dit à propos de la descente de main, le cheval qui ne vient pas sur le mors est un cheval qui ne cherche pas à marcher ; par suite, eût-il toute la mobilité de mâchoire désirable, il n'a pas l'élément que je considère comme le plus important de la mise en main, c'est-à-dire la tendance continuelle à se porter en avant, tendance sans laquelle l'animal est sujet dans les circonstances difficiles à s'enfermer malgré le cavalier et à refuser le mouvement en avant.

« Ainsi pour que la mise en main soit juste, je pense qu'il faut, d'une part et surtout que les ressorts soient bandés afin qu'ils puissent se détendre dès que les doigts le permettront : c'est ce qui fait le cheval perçant, et, d'autre part, que la soumission à notre volonté et la légèreté soient telles qu'une résistance insignifiante des doigts suffise à contenir cette ardeur : c'est ce qui fait le cheval léger. En sorte que la mise en main réside dans l'union de ces deux qualités mises en jeu : le perçant et la légèreté.

« Je ne saurais mieux comparer le cheval dans la mise en main qu'à une tige élastique ployée par deux forces qui en rapprochent les extrémités. Qu'une de ces deux forces soit diminuée ou supprimée, la tige se détend de son côté. Ainsi fait le cheval dans la mise en main : il a une élasticité qui est la résultante de toutes ses puissances tendues et retenues par les aides ; que, par le placer, on augmente ou diminue l'intensité d'une des aides, toutes les forces vives contractées par la mise en main s'échappent du côté où elles sont le moins vivement sollicitées ou retenues, entraînant à leur suite un changement d'équilibre ou de sens dans le mouvement.

« La mise en main comporte naturellement la souplesse abso-

lue de tout le cheval et l'engagement des propulseurs : la souplesse
pour rendre possible le changement immédiat d'équilibre; l'engagement des propulseurs pour les rendre maîtres de la masse
et leur permettre de l'actionner suivant la nouvelle position du
centre de gravité.

« C'est assez dire qu'il n'y a de mise en main que s'il y a élévation de l'encolure et décontraction complète de la nuque et
de la mâchoire; autrement dit, ramener et flexion. »

On peut dire de la mise en main ce qu'Ésope disait de la
langue; elle peut être en effet la meilleure et la pire des choses.
Il faut éviter d'en abuser. Si l'on veut conserver la finesse de
trempe des ressorts, il ne faut pas les laisser trop longtemps
bandés; ils se fatigueraient. Après les avoir tenus comprimés
dans un travail rassemblé de quelque durée, il est nécessaire de
les laisser se détendre et reprendre leur forme naturelle dans
un travail libre et allongé. Baucher, qui peut en parler en connaisseur, recommande à chaque instant la discrétion dans le rassembler « pour le bonheur du cavalier et le bien-être du cheval ».

Je crois utile d'attirer ici l'attention du lecteur sur la confusion si souvent constatée que font certains cavaliers entre la
légèreté et la fausse légèreté. Quand on entreprend de redresser
un cheval acculé, il est essentiel en effet de bien connaître la
différence qui oppose ces deux légèretés, car le cheval qui est
resté longtemps acculé a tendance à revenir vers son premier
équilibre défectueux. Or, si le cavalier ne sait pas discerner la
vraie de la fausse légèreté il croira son cheval léger parce qu'il
ne tire pas et le cheval, au lieu de courir après son mors s'habi-
tuera ainsi à « se tenir seul ». Cheval et cavalier s'enliseront de
plus en plus l'un dans son défaut l'autre dans son erreur.

« Le cheval qui reste en arrière du mors, qui ne vient pas sur
le mors, ne présente pas de résistance à la main; mais il est dans
une fausse légèreté parce qu'il manque de l'impulsion qui l'amè-
nerait à venir chercher le commandement de la main. A partir
du moment où il a l'habitude de rester ainsi en arrière d'elle,
rien ne l'empêche plus de lui échapper et de continuer dans la
voie où il s'est engagé jusqu'à s'acculer pour refuser le mors si

celui-ci revient en arrière essayer de prendre la bouche; l'organe essentiel de direction est faussé, sinon brisé.

« Celle-ci (la légèreté) consiste dans la délicatesse avec laquelle le cheval soumis et tendant sans cesse au mouvement en avant, prend contact avec la main pour lui demander en quelque sorte la permission de passer. Si les doigts cèdent, l'encolure s'allonge, le centre de gravité avance, l'allure s'étend; s'ils résistent, le cheval reste mœlleusement fléchi, courbé sur la main, prêt à se détendre dès qu'elle ne s'y opposera plus, tel le ressort élastique et fin qu'une force imperceptible suffit à tenir tendu mais qui se débande instantanément dès qu'elle disparaît. Cette tendance continuelle du cheval à se détendre différencie à première vue la vraie légèreté de la fausse; elle n'est autre chose que l'allant, autrement dit, l'impulsion naturelle ou acquise. Le cheval allégé sans qu'on prenne sur son impulsion est donc un être vibrant prêt à s'employer; mais, rendu obéissant, il soumet son désir à l'autorisation de son maître, se laisse placer par lui et se contient sans résistance ou se livre et se dépense sans compter. Voilà la légèreté dans l'impulsion; voilà ce que je crois être la vraie légèreté [1]. »

____

[1] Saint-Phalle.

CINQUIÈME PARTIE

UNE MÉTHODE DE REDRESSAGE

§ 1. — Considérations générales.
§ 2. — Exposé de la méthode.

§ 1. — *Considérations générales.*

Que le lecteur ne s'imagine pas que je considère la méthode présentée comme une recette pour rendre tous les chevaux légers et parfaitement équilibrés. « Aucune méthode quelque logique et bien ordonnée qu'elle puisse être ne saurait donner des résultats infaillibles, toute action équestre exigeant pour obtenir l'effet qu'on en attend, ce qu'aucun écrit ne saurait donner : l'à-propos et la mesure autrement dit le tact équestre. Ici surtout : Tant vaut l'homme, tant vaut le moyen ([1]). »

C'est d'ailleurs beaucoup plus une monographie de redressage qu'une méthode que je me suis appliqué à écrire.

Je n'ai d'autre prétention que celle d'affirmer que j'ai toujours très vite redressé des chevaux barbes avec les moyens indiqués. Je n'ai pas voulu dépasser le cadre d'une étude pratique prouvant qu'on peut tirer parti des chevaux barbes trop souvent considérés comme pas intéressants, détraqués et inutilisables. J'ai écouté les conseils de Le Bon : « quelque modestes que puissent être les capacités équestres du cavalier, ses observations seront toujours fort utiles et constitueront des éléments de comparaison qui nous font entièrement défaut aujourd'hui ».

Le *redressage* du barbe est un problème particulier. Ceci dit pour justifier les procédés d'un usage peu courant dont je me suis servi.

Une méthode ne doit pas être envisagée comme un cadre

([1]) Général L'Hotte, *Questions équestres.*

rigide, comme une cage de la Balue où doivent se mouler cheval et cavalier. Chacun a son tempérament et ses aptitudes spéciales et chaque cheval m'a-t-on dit bien souvent, est un problème différent; aussi, m'efforcerai-je d'indiquer un cadre aux angles suffisamment extensibles pour pouvoir s'adapter au cheval.

La durée des différentes périodes de redressage ne peut non plus être absolue; elle variera selon le caractère du cheval, son degré de « sabotage » et aussi selon la science, l'habileté du cavalier et sa plus ou moins bonne compréhension de la méthode. J'estime toutefois que la durée indiquée doit être considérée ainsi qu'un minimum, elle pourra être augmentée souvent avec profit.

La gymnastique entrant pour une très large part dans le redressage tel qu'il est exposé ici, il faut laisser aux exercices le temps nécessaire pour que leur répétition puisse agir sur la tonicité des muscles. Le but primordial n'est pas d'aller vite, mais d'obtenir des résultats solides et complets. Il est plus sage et plus rationnel aussi de n'élever les différentes parties du redressage les unes sur les autres que lorsque l'une est suffisamment solide pour supporter la suivante. Faute de cette précaution indispensable, après avoir travaillé à bâtir, on s'exposerait au spectacle décourageant de l'écroulement.

En somme, au début du redressage, j'ai emprunté à Baucher ses moyens énergiques qui forcent à l'obéissance et font merveille sur les chevaux blasés de l'action des aides, lourds et froids aux jambes; puis, le cheval à rééduquer étant devenu obéissant aux aides, j'ai fait appel à l'équitation vraiment impulsive de Saint-Phalle qui convient très bien aux chevaux acculés. Ajoutez à cela les moyens que l'étude des muscles de l'encolure m'a amené à préconiser et vous aurez les produits qui entrent dans la composition de la méthode.

Me basant sur de nombreuses expériences, je crois pouvoir dire que la très grande majorité des cavaliers peut en appliquant ces procédés redresser vite et convenablement n'importe quel cheval barbe.

Bien que cette méthode ait été faite pour ces chevaux, je pense que les moyens qui la composent peuvent être employés avec efficacité pour redresser les chevaux d'une autre race doués de défauts analogues.

Et maintenant il faut recoudre. Ayant analysé dans les chapitres précédents les différents procédés constituant la méthode, nous possédons des idées claires sur tous les termes de notre opération, il ne reste plus qu'à pourvoir à leur mise en place. Ce sera l'objet de cette exposition.

§ 2. — *Exposé de la méthode.*

1re période. — « Self-recovering ».

2e période. — Mettre en confiance, calmer, descentes d'encolure (travail en élongation du « renverseur » de l'encolure).

3e période. — Apprendre les aides, mettre le cheval sur les épaules (défaut inverse), continuer les descentes d'encolure.

4e période. — Relèvement complet de l'encolure (travail en contraction de l'angulaire de l'omoplate), engagement des propulseurs.

5e période. — Équilibrer, fléchir l'encolure, assouplir la mâchoire.

Nous examinerons rapidement chacune de ces périodes et je donnerai pour chacune d'elles les précisions nécessaires ou compléments indispensables.

1re période. — « Self-recovering ».

Le self-recovering pourra durer environ de quatre à huit jours suivant l'état physique et l'état moral du sujet à redresser. Caressez beaucoup et faites gentiment connaissance. Quelques douches et massages reposeront les jarrets qui, même exempts de tares, sont vraisemblablement courbaturés ou fatigués.

2e période. — Mettre en confiance, calmer, descentes d'encolure. (1re phase du travail de relèvement de l'encolure).

Le « self-recovering » étant estimé suffisant, on pourra passer à la seconde division. Elle durera au moins une dizaine de jours.

Avec le cheval barbe malmené et qui travaille avec le splénius contracté au maximum, il ne faudra pas craindre de prolonger

cette période de mise en confiance et d'élongation des « renverseurs » de l'encolure ; ce sera assurer une base solide aux progrès
futurs qui n'en seront obtenus que plus facilement.

Le cheval sera monté en gros filet dans le but de reposer ses
barres et de rendre un peu de fraîcheur à sa bouche dans des
promenades lentes et assez longues au pas et au petit trot à
l'extérieur (1 h 30 à 2 h suivant l'état du cheval).

Il faudra rigoureusement s'interdire tout acte de violence et
trouver le moyen de se faire obéir sans être sévère. N'oubliez
pas qu'à ce moment, si votre cheval n'obéit pas à vos demandes,
c'est par ignorance, par crainte, ou par souffrance qu'il pèche.

Le but de la période en cours ne devra jamais être perdu de
vue ; il est ici de *mettre en confiance et de calmer ;* pour le moment,
il ne faudra pas s'occuper d'autre chose. Le cavalier se conten-
tera de maintenir allure et direction ; pas de ralentissements ni
d'arrêts brusques, pas de changements de direction à petit
rayon. « Laissez au cheval une grande liberté car en restreignant
ses mouvements on l'empêche de retrouver son équilibre. »

Dès le début de cette période, il faudra apprendre au cheval
et pratiquer fréquemment la gymnastique *des descentes d'encolure* provoquées par les jambes et obtenues de plus en plus « à
fond » en usant de caresses distribuées à propos (loi des associations). Toutes les occasions propres à favoriser l'extension et
l'abaissement de l'encolure seront recherchées (laisser le cheval
manger de l'herbe le long des routes le cavalier étant monté,
etc...), que le cheval se rende bien compte qu'il peut à son aise
baisser la tête et allonger son encolure sans rencontrer la brutale sévérité d'un mors qui lui meurtrit les barres. Outre leur
effet d'élongation sur le splénius, les descentes d'encolure concou-
rent à donner au cheval confiance dans la main et l'habituent
à chercher le contact du mors dans le mouvement en avant pro-
voqué par les jambes ; à « courir après son mors ».

Vers la fin de cette période, quand le cheval confiant dans la
main commence à prendre sur elle un appui franc et décidé, il
faudra rechercher *le calme dans l'impulsion* à toutes les allures
en évitant toutefois d'abuser du galop. Plus que jamais proscrire la violence et la colère. « *A gissez sur le cheval par les contraires,*

opposant la patience à l'impatience, le calme à la violence, l'énergie à la paresse et aussi au refus d'obéissance ([1]). »

Au moindre signe d'obéissance de la part du cheval, faire succéder *immédiatement* un repos (associations), relâcher les jambes et les rênes, passer au pas après une allure vive et mettre pied à terre. Si les allures sont désordonnées, fixer la main, arrêter, calmer et repartir tranquillement. Plus le cavalier sera fixe, mesuré et conciliant dans ses actions, plus le cheval se mettra en confiance, plus vite il reprendra son aplomb ([2]). »

3e période. — Apprendre les aides, mettre le cheval sur les épaules (défaut inverse), continuer les descentes d'encolure.

Dans cette période où les éperons auront à intervenir le cheval sera encore monté en filet. Ceci est nécessaire car « il faut toujours faire connaître les éperons avant de mettre le mors de bride, le bridon offrant un appui plus doux engage le cheval à se mettre dessus et à se porter en avant ([2]). »

Cette période pourra durer de dix à douze jours. Les leçons seront d'une heure ou d'une heure et demie en insistant dans ce dernier cas sur l'allure du pas. Elles devront être données de préférence à l'extérieur; le manège ne sera utilisé que si le cheval est véritablement très difficile à tenir ou manque de calme.

a) *Apprendre les aides.* — Le cheval étant devenu calme et confiant dans la main, il sera temps de lui apprendre les aides.

L'obéissance à la jambe sera obtenue rapide et complète par les pirouettes renversées de Baucher que je ne fais que résumer ici.

1º Pirouette renversée sur une seule rêne. — Le cavalier étant à pied, demi-tour sur les épaules par opposition de la tête aux hanches avec une encolure maintenue élevée, en s'appliquant à conserver la rigidité de l'encolure.

2º Pirouette renversée sur l'éperon. — Le cavalier étant à cheval, demi-tour sur les épaules en renforçant l'action de l'éperon qui chasse énergiquement les hanches par l'opposition de la tête aux hanches avec une encolure maintenue élevée et rigide.

([1]) Général L'Hotte.
([2]) *Manuel d'équitation et de dressage.*

La rêne et la jambe du même côté agissent simultanément. La rêne qui n'agit pas devra rester flottante. Se servir de l'éperon près de la sangle; procéder avec décision mais avec calme et, en dehors de ces effets, traiter le cheval avec beaucoup de douceur. Ces exercices devront naturellement être répétés des deux côtés.

L'emploi de l'éperon devra être proportionné au degré d'impressionnabilité du cheval et à sa résistance.

Après chaque pirouette, il faudra reporter le cheval en avant en baissant les mains et en laissant l'impulsion se produire librement dans un temps de trot ou de galop bien détendu.

« Cette première leçon de l'éperon doit être donnée une ou deux fois seulement de chaque côté (¹). » Les pirouettes sur l'éperon seront continuées jusqu'à complète obéissance aux jambes, mais il suffira généralement de 4 ou 5 leçons pour donner aux chevaux les plus froids aux jambes une entière obéissance à leur action.

Le restant de la période sera employé à assouplir les hanches et à les mobiliser autour des épaules.

La bride pourra être prise dès que cesseront les pirouettes renversées sur l'éperon.

b) *Mettre le cheval sur les épaules.* — Les allures devront être entretenues énergiques et détendues. *En avant ! En avant !* Il sera bon de pousser le cheval au trot ou au galop dans des descentes afin de l'inciter à porter son poids sur l'avant-main. Quelques galops courts et vites pourront être donnés avec profit à ce moment. Donnez résolument au cheval le défaut inverse. Il tire ? Fixez la main et laissez faire : le redressage est en bonne voie.

Dans cette période, les hanches seront assouplies et mobilisées autour des épaules. Ce travail préparera l'arrière-main à recevoir le poids qu'elle aura à supporter du fait du relèvement de l'encolure. Mobiliser les hanches contribuera en outre à charger les épaules et à mettre le cheval en avant.

(¹) Boisgilbert.

La Guérinière dans son traité d'équitation écrit que dans la volte les hanches en dehors « les parties de devant sont plus sujettes et plus contraintes que celles de derrière et que cette façon met le cheval sur le devant ».

Newcastle écrit : « La tête dedans, la croupe dehors sur un cercle met d'abord le cheval sur le devant, il prend de l'appui et s'assouplit extrêmement les épaules. Trotter et galoper la tête dedans, la croupe dehors *fait aller tout ce devant vers le centre* et le derrière s'en éloigne étant plus pressé des épaules que de la croupe. Tout ce qui chemine sur un grand cercle travaille davantage parce qu'il fait plus de chemin que tout ce qui chemine sur un plus petit cercle ayant plus de mouvement à faire et il faut que les jambes soient plus en liberté; les autres sont plus contraintes et sujettes dans le petit cercle parce qu'elles portent tout le corps et celles qui font le plus grand cercle sont plus longtemps en l'air qu'elles. »

Cette mobilité des hanches sera rapidement obtenue avant la fin de cette période, le cheval étant devenu par le moyen des pirouettes renversées aussi obéissant à l'action des deux jambes qu'à celle d'une seule. Elle sera augmentée progressivement mais en prenant soin de proportionner les demandes au degré de connaissance et d'assouplissement des hanches, bref aux possibilités du cheval. Suivre les progrès et non les précéder.

c) *Les descentes d'encolure* seront continuées, perfectionnées durant tout ce travail et demandées principalement après les allures détendues *qui doivent suivre toute pirouette renversée sur l'éperon.*

En résumé, les leçons journalières comprendront, après un léger travail de détente, une ou deux pirouettes renversées à pied sur une seule rêne, puis une ou deux pirouettes renversées sur l'éperon de chaque côté après lesquelles le cheval poussé énergiquement sur le mors sera porté franchement en avant dans des allures bien détendues. Descentes d'encolure et terminer les leçons en travaillant la mobilité des hanches autour des épaules au pas d'abord puis au trot et au galop. Éviter les mouvements de pied ferme qui n'habitueraient pas le cheval à travailler dans l'impulsion.

4e période. — *Relèvement complet de l'encolure* (travail en contraction de l'angulaire de l'omoplate), *engagement des propulseurs*.

A ce moment du redressage, le cheval, autrefois acculé, doit être absolument engagé dans le défaut inverse et tout à fait sur les épaules.

L'équilibre entre le bipède antérieur et le bipède postérieur sera recherché en faisant passer très progressivement sur l'arrière-main l'exacte quantité de poids nécessaire. Les jarrets assouplis sont préparés à supporter le poids que le relèvement de l'encolure rejettera sur eux, mais ils ne sont pas encore engagés sous la masse.

Le but de cette période est de provoquer l'engagement des propulseurs en même temps que « le nouvel équilibre nécessaire à tout cheval monté ». Sa durée pourra être de dix à douze jours et afin de débuter doucement le travail des jarrets, les leçons ne dépasseront pas une heure. Le cheval pourra être monté en bride, mais les mouvements de relèvement de l'encolure seront naturellement demandés au moyen du filet.

A partir de ce moment, je conseillerai de travailler le cheval au manège. Le barbe, souvent distrait à l'extérieur, sera ainsi susceptible de plus d'attention ; les progrès seront plus rapides.

Le relèvement de la base de l'encolure (2e phase du travail de relèvement) sera obtenu par l'élévation du nez du cheval à hauteur de ses oreilles et le reculer dans cette position, le cavalier étant à pied.

Après avoir placé le cheval d'aplomb, le cavalier se place devant le cheval, saisit les rênes de filet à quelques centimètres des anneaux du filet et élève le bout du nez à hauteur des oreilles, les bras tendus verticalement ; après avoir laissé un moment le cheval dans cette position, lorsque celui-ci soutient de lui-même le poids de son encolure, le cavalier pousse le cheval en arrière jusqu'à le faire reculer d'un pas d'abord pour arriver à deux ou trois pas *seulement* de reculer dans cette position. Laisser alors retomber l'encolure dans sa position normale et reporter le cheval en avant. Il faudra agir ici avec modération de façon à ne pas fatiguer et charger trop brusquement les jarrets. On devra reculer *souvent et peu* à chaque fois (5 ou 6 reculers la tête haute pour-ront être demandés dans le courant de la leçon journalière).

L'engagement des propulseurs déjà amorcé par cette sorte de reculer sera poursuivi par l'exercice du ramener par impul-sion.

Il vaudra mieux chercher le ramener dans un travail long plutôt que dans un travail serré pour ne pas trop assujétir le cheval afin que ni fatigue, ni gêne trop grande, ni douleur ne viennent l'exaspérer et l'inciter à se soustraire à des exigences abusives.

L'assouplissement des hanches sera continué et le cheval poussé sur le mors dans un travail aux allures courtes où la mise en main ne sera demandée que *très progressivement.*

Les figures de manège seront commencées mais avec modé-ration. Elles seront larges au début et de plus en plus serrées au fur et à mesure des progrès du cheval. *Suivre les progrès et non les précéder.*

5ᵉ période. — Équilibrer, fléchir l'encolure, assouplir les arti-culations de la mâchoire (Travail en contraction des fléchisseurs de l'encolure, dernière phase de son relèvement complet) .

Le cheval connaît à présent les aides et y obéit. L'encolure et la tête sont à peu près bien placées. Les postérieurs sont enga-gés sous la masse. Il ne reste plus qu'à établir « la balance entre les forces qui chassent en avant et celles qui modèrent » en déve-loppant la « diligence » avec laquelle les propulseurs doivent chasser les épaules et à rendre la mâchoire souple. Ceci fait, c'est en se jouant qu'un bon cavalier obtiendra équilibre, harmonie et légèreté qui deviendront de plus en plus parfaits à mesure que s'affinera la souplesse des ressorts dans la mise en main et le rassembler.

La durée de cette période est impossible à fixer, elle dépend des qualités du cheval et du cavalier et du point jusqu'où on veut pousser ce travail de finissage. Des résultats ordinairement suffisants seront obtenus au bout d'une quinzaine de jours.

Le cavalier devra s'attaquer à présent à l'articulation maxil-laire, dernier ressort restant à assouplir avant d'arriver à la parfaite légèreté. Pour les raisons précédemment exposées, cette articulation devra être d'abord dégourdie au moyen des *flexions directes* de Baucher et sa souplesse développée ensuite dans la mise en main par les effets de l'impulsion venant buter sur une main fixe.

Dès le début de cette période, les flexions directes seront faites journellement au commencement et à la fin du travail jusqu'à ce que la mâchoire cède à la plus légère action des mors et à leurs différentes combinaisons. Elles devront être abandonnées dès qu'elles n'auront plus de raison d'être et que l'articulation maxillaire sera suffisamment dégourdie. Des résultats satisfaisants seront atteints en général au bout de quelques jours.

Les épaules devront bien entendu être assouplies, mais avec les chevaux barbes, mobilisées avec ménagements autour des hanches. Pour assouplir et alléger le devant. je conseillerai surtout *l'épaule en dedans* en insistant sur le fait que ce mouvement doit être exécuté *en allongeant* l'allure et non en la ralentissant.

Cette leçon, dit la Guérinière, est « la plus utile de celles qu'on doit employer pour assouplir les chevaux. Elle produit tant de bons effets à la fois que je la regarde comme la première et la dernière de toutes celles qu'on peut donner au cheval pour lui faire prendre une entière souplesse et une parfaite liberté dans toutes ses parties ».

Dans cette période où l'on recherche l'équilibre, la légèreté, prendront place avec toutes les figures de manège de plus en plus serrées, les départs au galop du trot, du pas, de l'arrêt, du reculer, ainsi que les allongements et les ralentissements d'allures. Le galop à faux produira d'excellents résultats en « amenant le cheval à modifier de lui-même son équilibre (¹).

Allongements et ralentissements d'allures de plus en plus francs et rapprochés devront être demandés sans mouvements de tête indiquant une lutte contre la main; les allongements devront être francs, immédiats et devront se faire par détente énergique des jarrets et des reins. Le cavalier devra toujours

______

(¹) *Manuel d'équitation et de dressage.*

veiller à entretenir une respectueuse obéissance à l'action des jambes. *Le souci du mouvement en avant doit percer pendant tout le travail.* Les ralentissements au pas amèneront la « coulée » des hanches sous la masse. Ce travail des ralentissements et allongements d'allures débuté sur une ligne droite, sera exécuté ensuite sur le cercle et aux deux mains; les hanches, ainsi, seront obligées de s'engager davantage, la souplesse de la colonne vertébrale sera plus développée. Toutes les fois qu'un cheval lutte contre la main dans les ralentissements aux allures vives, il faut le reprendre sur les ralentissements au pas.

Enfin, il sera bon, après les ralentissements d'allures, de prendre pendant quelque temps des allures franches le cheval bien appuyé sur la main. Il faudra toujours terminer un travail rassemblé par des allures allongées et détendues avant de mettre le cheval au repos.

L'acculement étant plus grave de conséquences et plus difficile à combattre, le cavalier devra, pendant tout le redressage, veiller soigneusement à ne pas amoindrir l'impulsion, le perçant et à entretenir le cheval toujours franchement dans le mouvement en avant.

Que le lecteur qui entreprendra le redressage d'un cheval barbe essaie cette méthode; il sera étonné de la rapidité avec laquelle il transformera ce cheval primitivement froid aux jambes, résigné, sans entrain, acculé, aux allures éteintes, en un cheval franc, joyeux, énergique, vibrant, aux allures vivifiées par une impulsion qui ne demandera qu'à s'extérioriser gaîment. Au bout d'un mois ou d'un mois et demi d'application de ces procédés, le cheval barbe sera équilibré et léger aux aides. Il sera devenu un cheval agréable, souple, docile, soumis, perçant, offrant à son cavalier la perspective de toutes les satisfactions équestres.

POSTFACE

4 janvier 1930.

*A la suite de la publication du « Cheval barbe et son redressage »
dans la Revue de Cavalerie, j'ai été vivement pris à partie et accusé
« d'arabophobie caractérisée », de « mener une campagne contre la
cavalerie indigène », de « provoquer la mésentente entre cadres français et indigènes », d'enrayer « les engagements », de « jeter le discrédit sur la cavalerie tout entière » et ce travail a été même estimé
devoir être « bien accueilli en Allemagne ».*

*Je ne me permettrai pas de discuter l'appréciation de la haute
autorité qui a écrit cela. Je n'ai pas non plus estimé convenable
de répondre dans le journal où ces critiques avaient paru.*

*Si elles étaient exactes, je n'aurais plus qu'à disparaître couvert
de honte, d'opprobre et de remords! Comme je ne le mérite en aucune
façon, j'ai le bien naturel désir d'expliquer mes intentions. Elles
ont été bonnes.* J'ai la conviction profonde d'avoir, en écrivant
ce livre, servi notre arme en général et nos cavaliers arabes en
particulier, *car je suis tout à l'opposé de l'arabophobie. Comme tous
ceux qui ont été au feu avec nos spahis, j'ai une très haute considé-
ration pour ces beaux et braves guerriers et pour leurs belles qualités. Mes nombreux camarades officiers indigènes que j'ai connus
et parmi lesquels je conserve de fidèles amis, ont dû se demander ce
qu'il m'arrivait s'ils ont lu les reproches sévères qui m'ont été in-
fligés!...*

Je n'ai plus qu'un mot à dire sur la légende de l'Arabe cavalier.

*Je reconnais bien volontiers qu'elle a été utile, nécessaire même
autrefois et de plus d'une parfaite psychologie lorsque « pour ne
pas retarder l'entrée en ligne des combattants », les événements
« imposaient la formation rapide d'escadrons de spahis ». C'est
là un fait indiscutable. Mais aujourd'hui, les conditions ne sont*

plus les mêmes et cette légende devient non seulement inutile, mais néfaste en se perpétuant sans raison. Il me paraît évident qu'il serait plus profitable, à présent, de travailler sur des bases nouvelles mieux en accord avec l'actualité, le réel et le possible, de substituer à la légende de l' « Arabe cavalier tout fait » la réalité « l'Arabe excellent cavalier en puissance », *cavalier à instruire (je ne dis pas par moi,..... je suis avec raison dépourvu de prétentions en la matière.....) par notre bon règlement métropolitain, tout simplement.*

Les Arabes deviendraient alors de très bons cavaliers ou — si l'on veut — des cavaliers meilleurs.

Et voilà pourquoi je garde, malgré tout, profondément accrochées au fond du cœur, la conviction et la consolante certitude d'avoir servi mon arme et mes amis spahis en écrivant ceci.

TABLE DES GRAVURES

Pages

TABLE DES MATIÈRES

———

TROISIÈME PARTIE

CE QUE DEVIENT LE CHEVAL BARBE AVEC LES PROCÉDÉS ET LES MÉTHODES EMPLOYÉS

CHAPITRE I

Comment on le trouve dans les régiments.

CHAPITRE II

Causes. — Conséquences. — Remèdes.

QUATRIÈME PARTIE

REDRESSAGE DU CHEVAL BARBE

CHAPITRE I

A quoi remédier et comment.

CHAPITRE II

A la recherche d'une méthode de redressage.

CHAPITRE III

Le relèvement de l'encolure.

CHAPITRE IV

Comment placer l'encolure par des moyens déduits de son étude anatomique.

CHAPITRE V

L'assouplissement des articulations de la nuque et de la mâchoire.

Chapitre VI

Obéissance aux aides. — Mise en main. — Légèreté.

CINQUIÈME PARTIE

UNE MÉTHODE DE REDRESSAGE

IMPRIMERIE BERGER-LEVRAULT, NANCY-PARIS-STRASBOURG. — 1930